全教科書対応

数と計算4年

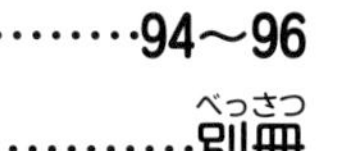

勉強した日　月　日

① 大きい数の表し方（1）

きほんのワーク

答え 1ページ

やってみよう

☆741239658000000 の読み方を漢字で書きましょう。

とき方　741239658000000 の読み方を漢字で書くには，右から［　］けたごとに区切って，「○兆○億○万」と読みます。

千	百	十	一	千	百	十	一	千	百	十	一	千	百	十	一
			兆				億				万				
7	4	1	2	3	9	6	5	8	0	0	0	0	0	0	0

答え［　　　　］

たいせつ
整数は，右から順に，一，十，百，千がくり返され，4けたごとに「万→億→兆」と表し方がかわります。

1 次の数の読み方を漢字で書きましょう。

❶ 13568427（　　　）

❷ 310076400（　　　）

❸ 620009102500（　　　）

❹ 1704063500000（　　　）

❺ 3496008750000（　　　）

❻ 10217100000000（　　　）

2 次の数を数字で書きましょう。

読む数字のない位に0を書くのをわすれないようにしよう！

❶ 七億三千五十万（　　　）

❷ 十二億七百三万八千五十一（　　　）

❸ 二兆六百億四十八万（　　　）

❹ 四百六億九十万（　　　）

❺ 五千億二十六万四百五（　　　）

❻ 八十兆三百億二千万（　　　）

❼ 三百七十五兆六千四百五億（　　　）

ポイント　大きな数を読みやすくするためには，右から4けたごとに区切って考えます。

② 大きい数の表し方(2)

きほんのワーク

やってみよう

☆ 1兆を5こ，1億を82こ，1万を109こあわせた数を数字で書きましょう。

とき方　兆，億，万の位で区切って考えます。

					兆				億				万				
1兆を	5こ→				5	0	0	0	0	0	0	0	0	0	0	0	0
1億を	□こ→							8	2	0	0	0	0	0	0	0	0
1万を	□こ→											1	0	9	0	0	0	0

求(もと)める数は全部あわせた数になります。

□

1 次の数を数字で書きましょう。

❶ 1億を3こ，1万を400こあわせた数　(　　　　)

❷ 1兆を15こ，1億を60こ，1万を930こあわせた数　(　　　　)

2 □にあてはまる数を数字で書きましょう。

❶ 1億を85こ集めた数は□です。

❷ 1兆を140こ集めた数は□です。

❸ 1000億を37こ集めた数は□です。

❹ 620000000は，1000万を□こ集めた数です。

❺ 9410000000000は，1億を□こ集めた数です。

0の数に注意しよう！

3 下の数直線で，□にあてはまる数を書きましょう。

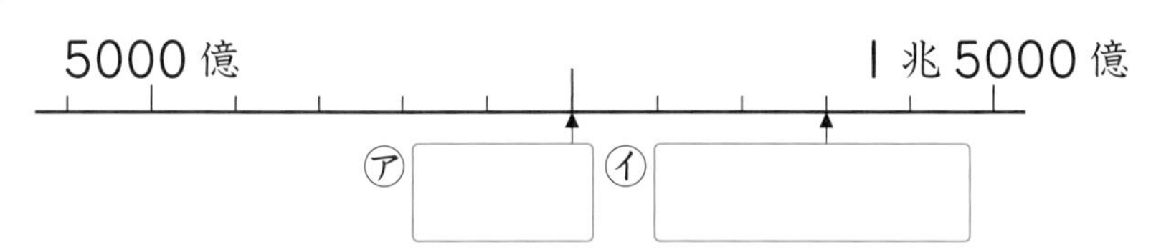

ポイント　大きな数を数字で書くときは，兆，億，万の位に目をつけ，0の数をまちがえないようにします。

③ 大きい数のしくみ

きほんのワーク

答え 1ページ

やってみよう

☆20億(おく)を10倍した数，$\frac{1}{10}$にした数はいくつですか。

とき方 整数は，10倍すると，位(くらい)が□けたずつ上がり，$\frac{1}{10}$にする(10でわる)と，位が□けたずつ下がります。

			億				万				
	2	0	0	0	0	0	0	0	0	0	0
		2	0	0	0	0	0	0	0	0	0
			2	0	0	0	0	0	0	0	0

10倍　$\frac{1}{10}$

たいせつ
整数は，位が1けた上がるごとに，10倍になるしくみになっています。

答え 10倍□　$\frac{1}{10}$□

1 □にあてはまる数を書きましょう。

❶ 3億を10倍した数は□億です。

❷ 286万を100倍した数は□億□万です。

❸ 400億を$\frac{1}{10}$にした数は□億です。

❹ 5兆(ちょう)を$\frac{1}{10}$にした数は□億です。

2 次の数はいくつですか。

❶ 28億を10倍した数　(　　　)

❷ 4100万を10倍した数　(　　　)

❸ 35億を100倍した数　(　　　)

3 次の数を$\frac{1}{10}$にした数はいくつですか。

❶ 6000億　(　　　)　❷ 72兆　(　　　)

4 計算をしましょう。

❶ 3億+5億　❷ 54億+27億

❸ 7億−2億　❹ 90億−46億

ポイント どんな整数でも，10倍すると位が1けたずつ上がり，10でわると位が1けたずつ下がります。

④ 大きい数のかけ算
きほんのワーク

答え 1ページ

やってみよう

☆146×273の計算をしましょう。

とき方 2けたの数をかける筆算と同じようにします。

$$\begin{array}{r} 146 \\ \times\ 273 \\ \hline 438 \\ 1022\ \ \\ 292\ \ \ \ \\ \hline \square\square\square58 \end{array}$$

…146×□ ＝ 438
…146× 70 ＝10220
…146×200 ＝29200
…438＋10220＋29200

たいせつ
3けたの数をかけるときも，2けたの数をかけるときと同じように，一の位から順に計算します。また，かけ算の答えを**積**といいます。

答え □

1 計算をしましょう。

❶
$$\begin{array}{r} 398 \\ \times\ 165 \\ \hline \end{array}$$

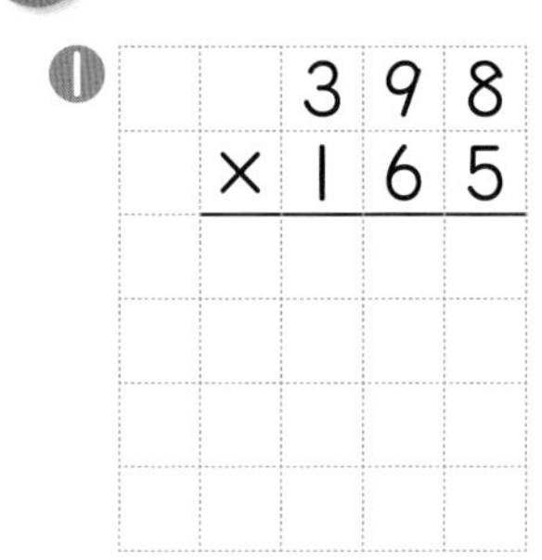

❷
$$\begin{array}{r} 267 \\ \times\ 384 \\ \hline \end{array}$$

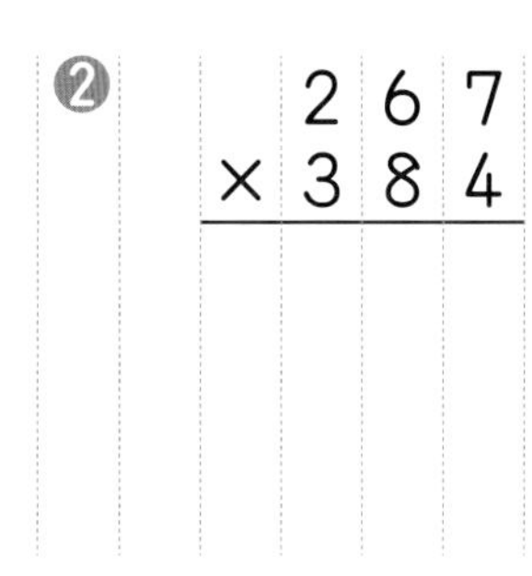

❸
$$\begin{array}{r} 465 \\ \times\ 737 \\ \hline \end{array}$$

❹
$$\begin{array}{r} 375 \\ \times\ 534 \\ \hline \end{array}$$

2 □にあてはまる数を書きましょう。

❶
$$\begin{array}{r} 426 \\ \times\ 308 \\ \hline 3408 \\ 12\square\square\ \ \ \ \\ \hline \square\square\square\square08 \end{array}$$

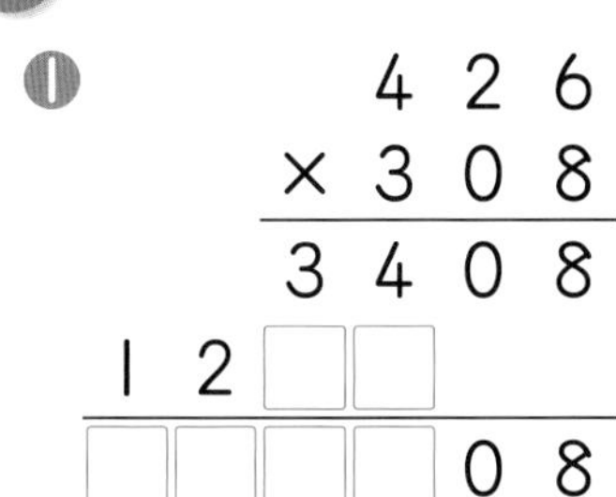

❷
$$\begin{array}{r} 2700 \\ \times\ 350 \\ \hline 1\square\square\ \ \ \\ 8\square\ \ \ \ \ \ \\ \hline \square\square\square\square\square\square \end{array}$$

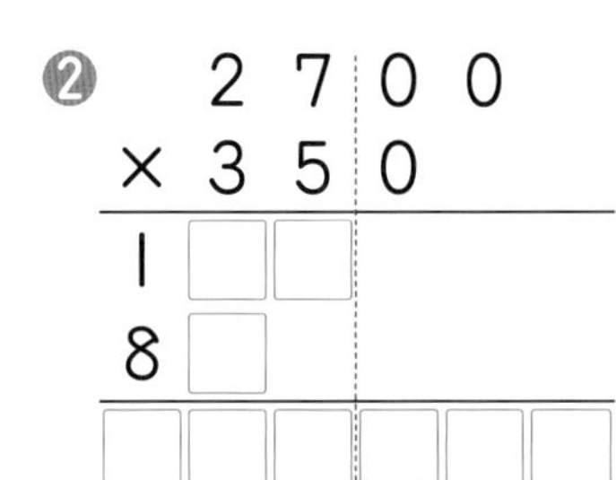

❶は，かける数に0がある部分の計算は省き，❷は，はじめに0を省いて計算し，あとでその分だけ0をつけたしているんだね。

3 計算をしましょう。

❶
$$\begin{array}{r} 387 \\ \times\ 207 \\ \hline \end{array}$$

❷
$$\begin{array}{r} 404 \\ \times\ 708 \\ \hline \end{array}$$

❸
$$\begin{array}{r} 720 \\ \times\ 380 \\ \hline \end{array}$$

❹
$$\begin{array}{r} 420 \\ \times\ 3600 \\ \hline \end{array}$$

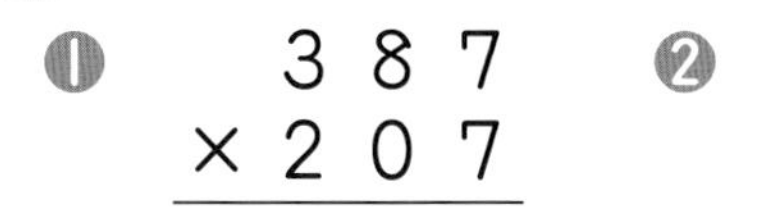

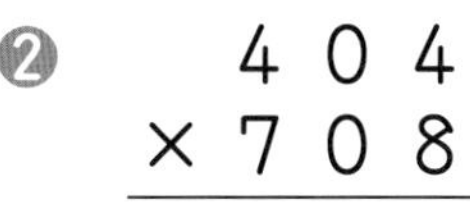

ポイント 終わりに0のある数のかけ算は0を省いて計算し，その積の右に省いた0の数だけ0をつけます。

まとめのテスト①

時間 20分

答え 1ページ

1 よく出る ㋐～㋒のめもりが表す数を書きましょう。 1つ4〔12点〕

0　10億（おく）　20億　30億

㋐（　　）　㋑（　　）　㋒（　　）

2 次の数の読み方を漢字で書きましょう。 1つ4〔8点〕

❶ 7004462000（　　）

❷ 32082040000000（　　）

3 次の数について，㋐10倍した数と㋑$\frac{1}{10}$にした数を書きましょう。 1つ5〔40点〕

❶ 24億
㋐（　　）
㋑（　　）

❷ 47300000000
㋐（　　）
㋑（　　）

❸ 5兆（ちょう）
㋐（　　）
㋑（　　）

❹ 9978032800000
㋐（　　）
㋑（　　）

4 よく出る 計算をしましょう。 1つ5〔40点〕

❶ 273×153

❷ 248×257

❸ 587×196

❹ 854×929

❺ 774×508

❻ 309×102

❼ 560×650

❽ 350×160

チェック✓
□大きな数を読んで漢字で書くことができたかな？
□大きな数を10倍した数や$\frac{1}{10}$にした数を求（もと）められたかな？

勉強した日　月　日

まとめのテスト②

答え 2ページ

時間 20分

とく点　/100点

1 よく出る 数字で書きましょう。　1つ4〔16点〕

❶ 二億三十四万五千六　(　　　)

❷ 六百四億六千二百二万　(　　　)

❸ 八兆千六百億三千万　(　　　)

❹ 四十八兆九千億　(　　　)

2 □にあてはまる数を数字で書きましょう。　1つ5〔20点〕

❶ 1億を3こ，1000万を5こ，1万を4こあわせた数は □ です。

❷ 4600000000000は，100億を □ こ集めた数です。

❸ 1000万を29こ集めた数は □ です。

❹ 3兆より1小さい数は □ です。

3 □にあてはまる不等号（ふとうごう）を書きましょう。　1つ5〔20点〕

❶ 10000000000 □ 100000000000

❷ 547286764321 □ 547286674321

❸ 7億9000万 □ 7兆9000億

❹ 9456億 □ 432兆

4 計算をしましょう。　1つ4〔24点〕

❶ 16万＋33万　❷ 8億＋2億　❸ 49兆＋43兆

❹ 52万－24万　❺ 9億－6億　❻ 77兆－18兆

5 よく出る 計算をしましょう。　1つ5〔20点〕

❶ 462×394　❷ 763×289　❸ 406×207　❹ 7400×720

チェック
□ 漢字で書いた大きな数を，数字で書くことができたかな？
□ 大きな数の計算ができたかな？

勉強した日 月 日

① 答えが何十になるわり算

きほんのワーク

答え 2ページ

やってみよう

☆30÷3 の計算をしましょう。

とき方 ① 30は，10が□こ分と考える。

② 3÷3 を計算する。→3÷3=□

③ ②の答えに 10 をかける。

→□×10=□

答え □

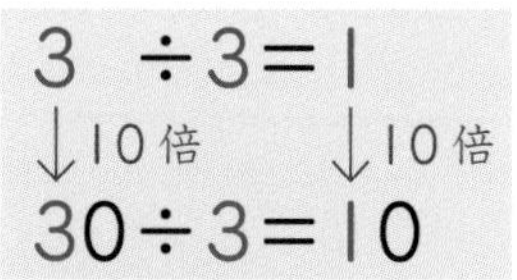

3 ÷3=1
↓10倍 ↓10倍
30÷3=10

たいせつ

わられる数が 10 倍になると，商も 10 倍になります。

1 □にあてはまる数を書きましょう。

❶ 70÷7 の計算は，
7÷7=1 だから，70÷7=□ です。

❷ 160÷4 の計算は，
16÷4=4 だから，160÷4=□ です。

❷は，160 を 10 が 16 こ分と考えればいいね。

2 計算をしましょう。

❶ 60÷3　❷ 50÷5

❸ 40÷2　❹ 90÷3

❺ 80÷4　❻ 60÷2

3 計算をしましょう。

❶ 720÷8　❷ 280÷4

❸ 250÷5　❹ 400÷8

❺ 300÷6　❻ 100÷2

❹は，400 を 10 が 40 こ分，❺は，300 を 10 が 30 こ分，❻は，100 を 10 が 10 こ分と考えるよ。

ポイント わられる数の終わりに 0 があるときは，「10 が何こ分」と考えて計算することもできます。

② 答えが何百になるわり算
きほんのワーク

答え 2ページ

やってみよう

☆800÷2 の計算をしましょう。

とき方 1 800は，100が□こ分と考える。
2 8÷2 を計算する。
→8÷2=□
3 2の答えに100をかける。
→□×100=□　答え □

8　÷2=4
↓100倍　↓100倍
800÷2=400

たいせつ
わられる数が100倍になると，商も100倍になります。

1 □にあてはまる数を書きましょう。

❶ 900÷9 の計算は，
9÷9=1 だから，900÷9=□ です。

❷ 600÷2 の計算は，
6÷2=3 だから，600÷2=□ です。

❸ 3000÷5 の計算は，
30÷5=6 だから，3000÷5=□ です。

❸は，3000を「100が30こ分」と考えればいいのね。

2 計算をしましょう。

❶ 500÷5　❷ 600÷3

❸ 900÷3　❹ 800÷4

3 計算をしましょう。

❶ 2500÷5　❷ 4800÷8

❸ 3000÷6　❹ 1000÷5

ポイント わられる数の終わりに00があるときは，「100が何こ分」と考えて計算することもできます。

勉強した日　月　日

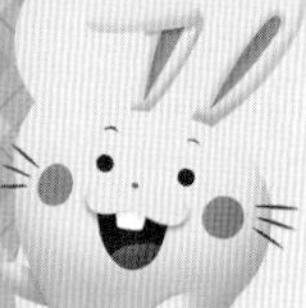

③ (2けた)÷(1けた)の計算

きほんのワーク

答え 2ページ

やってみよう

☆75÷3の計算をしましょう。

とき方 筆算で計算します。

3)75 → 商2、6、1□ → 商2□、6、15、□□ → 商25、6、15、15、□

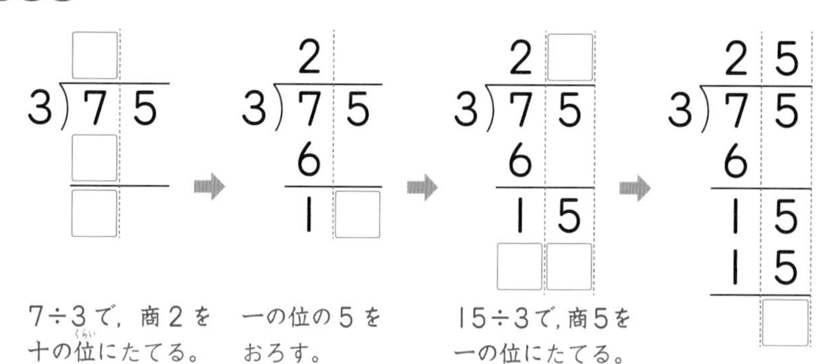

7÷3で，商2を十の位にたてる。　一の位の5をおろす。　15÷3で，商5を一の位にたてる。

わり算の筆算は，十の位から順に計算しよう。このわり算で答えの25を商というよ。

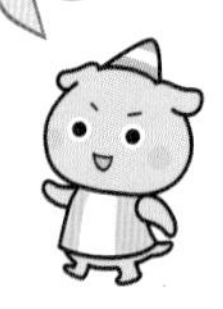

答え □

1 □にあてはまる数を書きましょう。

❶ 6)72 → 商1、6、1□ → 商1□、6、12、□□ → 商12、6、12、12、□

❷ 7)91

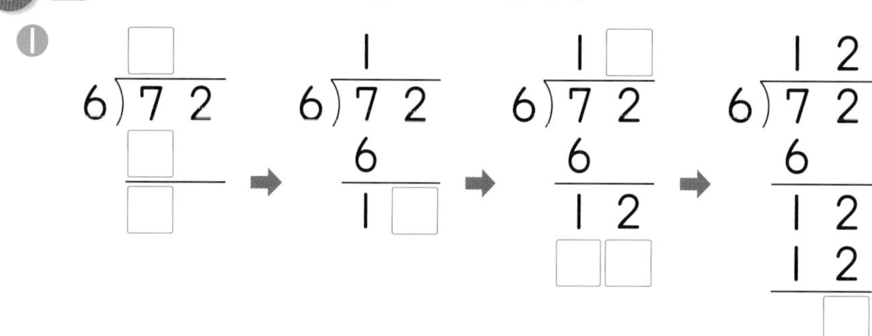

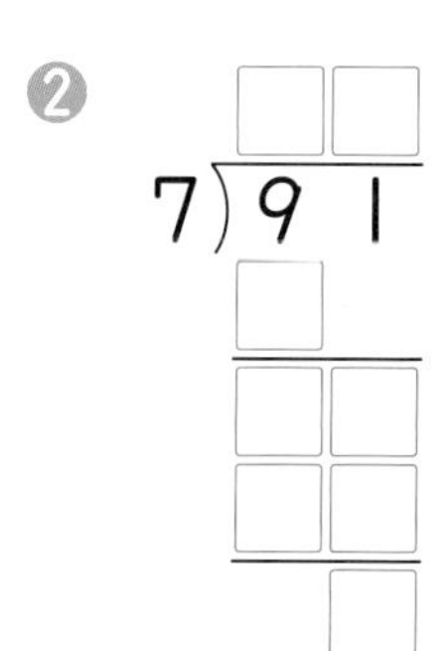

2 計算をしましょう。

❶ 8)96　❷ 5)85　❸ 2)46

2)46、商2、4、06　4−4=0の0は書かないよ。

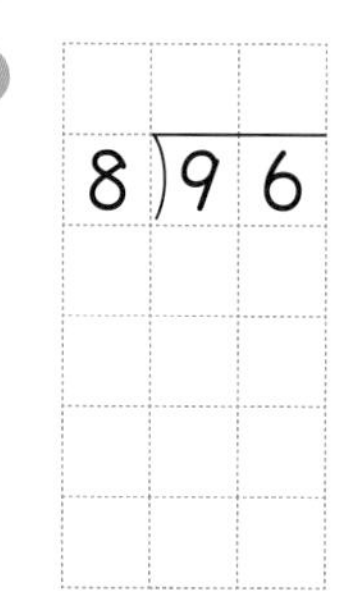

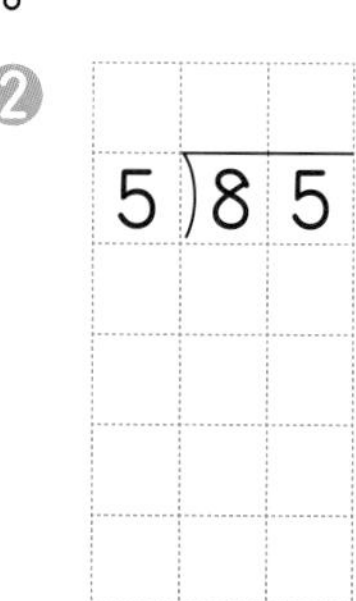

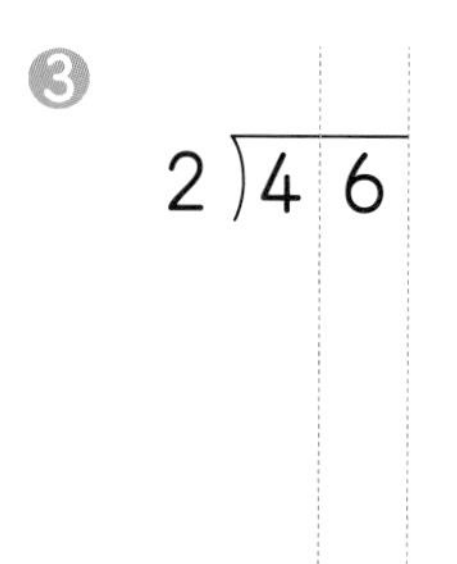

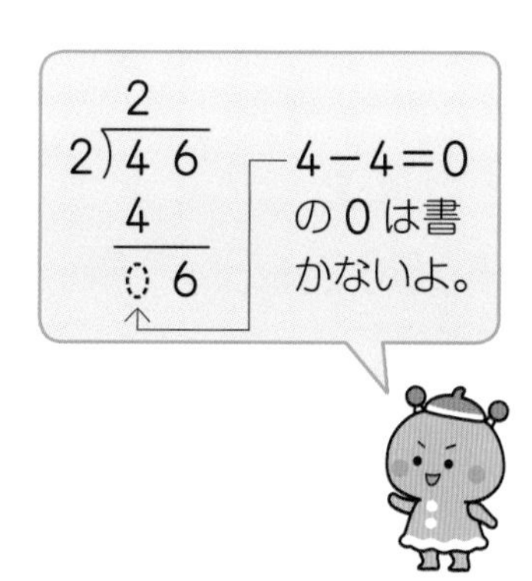

3 計算をしましょう。

❶ 7)84　❷ 6)78　❸ 5)95　❹ 4)60

❺ 3)96　❻ 4)84　❼ 2)92　❽ 3)87

ポイント わり算の筆算は，「たてる→かける→ひく→おろす」の順に計算します。

④ あまりのあるわり算(1)
きほんのワーク

答え 2ページ

やってみよう

☆97÷4 の計算をしましょう。

とき方 筆算で計算します。

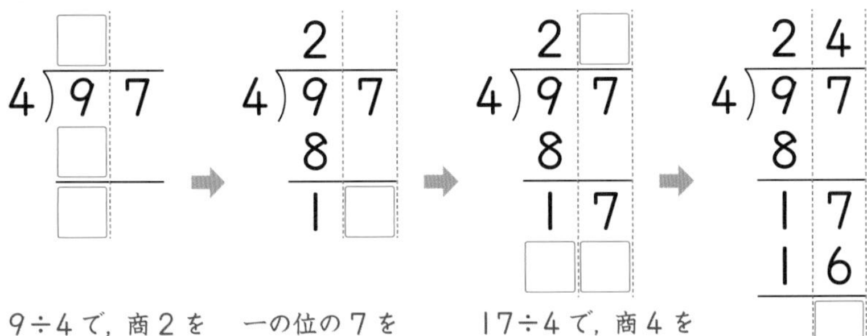

ちゅうい
あまりがわる数より小さくなっているかたしかめるようにします。

答え

1 □にあてはまる数を書きましょう。

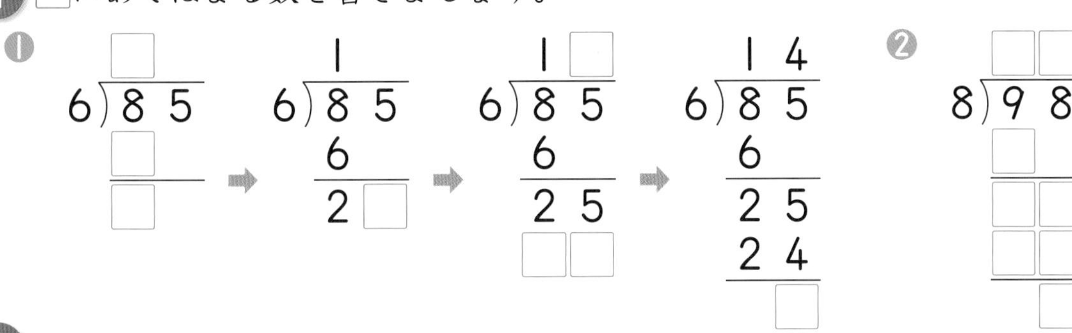

2 計算をしましょう。

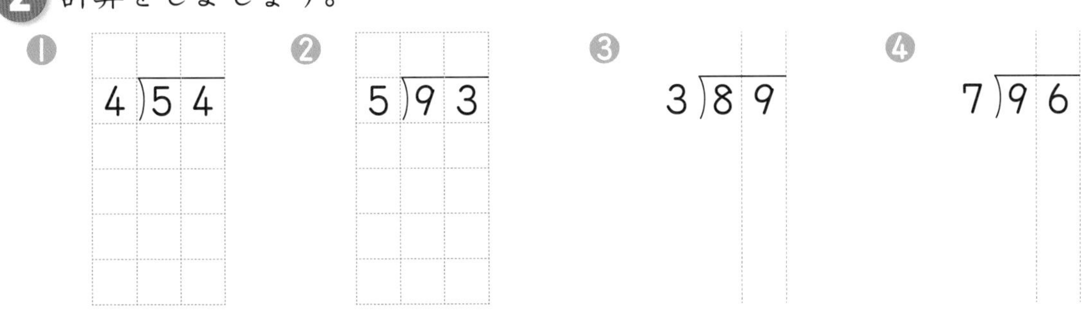

3 計算をしましょう。

❶ 8)97　❷ 6)75　❸ 2)77　❹ 5)63

❺ 3)83　❻ 4)95　❼ 8)90　❽ 6)99

ポイント あまりは，わる数より必ず小さくなります。

⑤ あまりのあるわり算(2)

きほんのワーク

答え 2ページ

やってみよう

☆92÷3の計算をしましょう。

とき方 筆算で計算します。

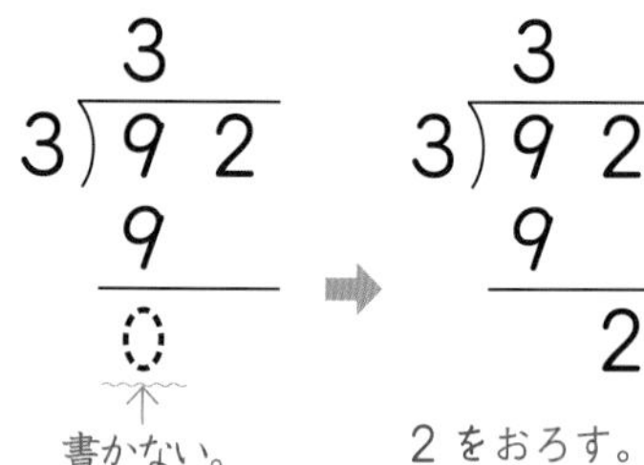

1 □にあてはまる数を書きましょう。

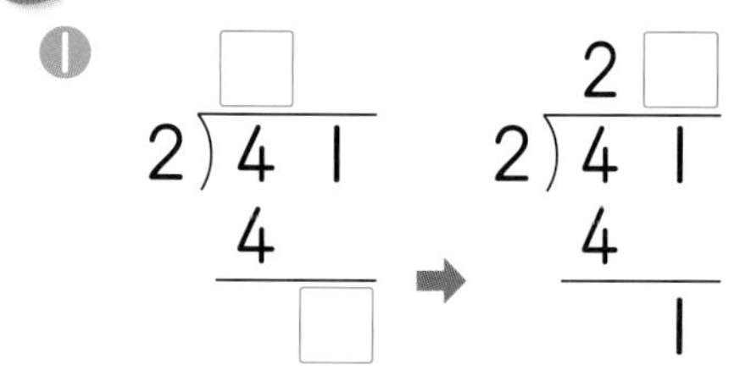

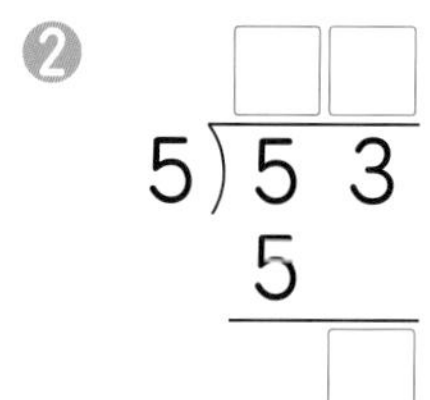

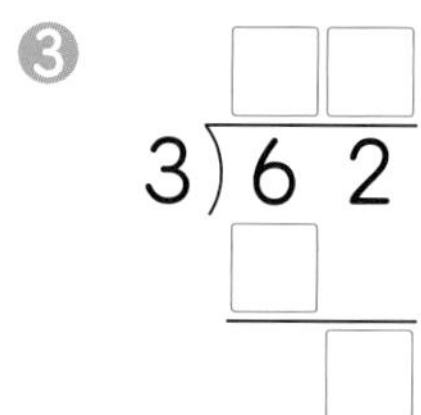

2 計算をしましょう。

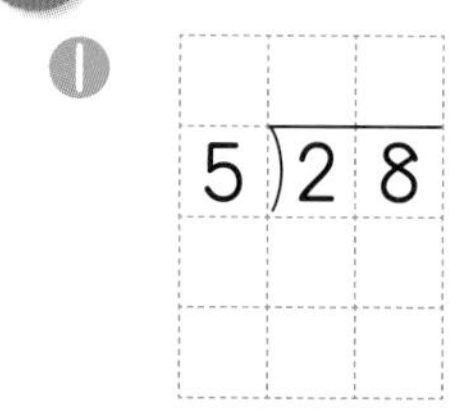

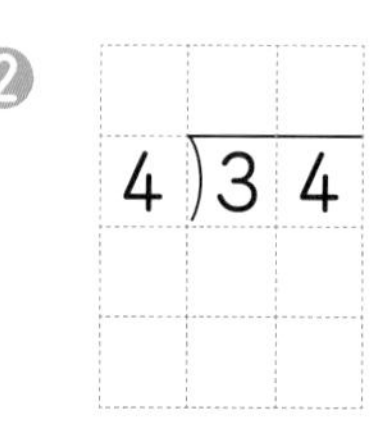

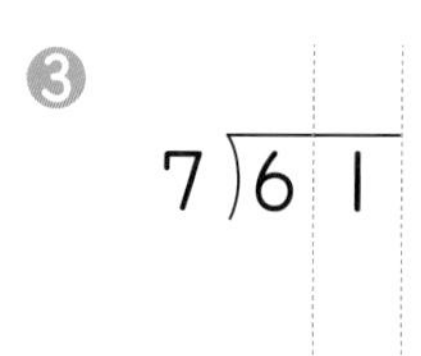

❶で，「五六30」だと，28より大きいから「五五25」で5がたつんだ。

$$5)\overline{28}$$ 商 5，25

3 計算をしましょう。

❶ 5)54 ❷ 2)61 ❸ 3)91 ❹ 8)87

❺ 4)86 ❻ 7)79 ❼ 2)65 ❽ 6)82

ポイント 商の一の位が0になる筆算は，とちゅうの計算を省いて，かん単(たん)にします。

勉強した日　月　日

⑥ 答えのたしかめ
きほんのワーク

答え　2ページ

やってみよう

☆53÷3 の計算をして，答えのたしかめもしましょう。

とき方　筆算で計算します。答えのたしかめは

わる数×商＋あまり＝わられる数

を使います。ここでは，

□×□＋□

の計算をして，その答えが「わられる数」に等しいかどうかたしかめます。

$$\begin{array}{r} 17 \\ 3\overline{)53} \\ \underline{3} \\ 23 \\ \underline{21} \\ 2 \end{array}$$

答え□　たしかめ□

さんこう
答えをたしかめる計算を「**けん算**」といいます。

1 次のそれぞれの計算の答えを求めてから，答えのたしかめもしましょう。

❶ 78÷5

$5\overline{)78}$

計算の答え（　　）

たしかめ（　　）

❷ 83÷2

$2\overline{)83}$

計算の答え（　　）

たしかめ（　　）

2 次のわり算をして，答えのたしかめもしましょう。

❶ $4\overline{)66}$

たしかめ（　　）

❷ $3\overline{)37}$

たしかめ（　　）

❸ $6\overline{)80}$

たしかめ（　　）

❹ $2\overline{)75}$

たしかめ（　　）

❺ $7\overline{)86}$

たしかめ（　　）

❻ $3\overline{)61}$

たしかめ（　　）

ポイント　計算が終わったら，わる数×商＋あまり＝わられる数を使って，たしかめをします。

勉強した日　　月　　日

まとめのテスト①

答え　3ページ

時間 20分

とく点　　/100点

1 計算をしましょう。　1つ4〔20点〕

❶ 40÷4　❷ 480÷6　❸ 630÷9

❹ 700÷7　❺ 2000÷4

2 よく出る 計算をしましょう。　1つ4〔32点〕

❶ 4)76　❷ 6)84　❸ 3)81　❹ 2)36

❺ 2)70　❻ 4)56　❼ 5)75　❽ 6)96

3 計算をしましょう。　1つ4〔48点〕

❶ 2)73　❷ 9)97　❸ 6)95　❹ 7)83

❺ 6)70　❻ 7)99　❼ 4)81　❽ 3)46

❾ 5)68　❿ 3)95　⓫ 7)87　⓬ 4)90

チェック

□何十・何百のわり算ができたかな？

□わり算の筆算ができたかな？

勉強した日　　月　　日

まとめのテスト❷

時間 20分

答え 3ページ

とく点 　/100点

1 計算をしましょう。　1つ3〔18点〕

❶ 80÷2　❷ 180÷6　❸ 420÷7

❹ 2400÷3　❺ 3200÷8　❻ 2000÷5

2 よく出る 計算をしましょう。　1つ4〔64点〕

❶ 3)79　❷ 4)92　❸ 5)42　❹ 8)93

❺ 4)48　❻ 8)89　❼ 7)77　❽ 3)84

❾ 2)96　❿ 3)78　⓫ 4)75　⓬ 2)68

⓭ 5)87　⓮ 2)37　⓯ 6)63　⓰ 5)90

3 次のわり算をして，答えのたしかめもしましょう。　1つ3〔18点〕

❶ 5)84　❷ 4)91　❸ 3)76

たしかめ（　　　）　たしかめ（　　　）　たしかめ（　　　）

□ わり算のあまりがわる数より小さいことをたしかめて計算できたかな？
□ わり算の答えのたしかめができたかな？

勉強した日　月　日

① (3けた)÷(1けた)の計算(1)

きほんのワーク

答え 3ページ

やってみよう

☆827÷5の計算をしましょう。

とき方　筆算で計算します。

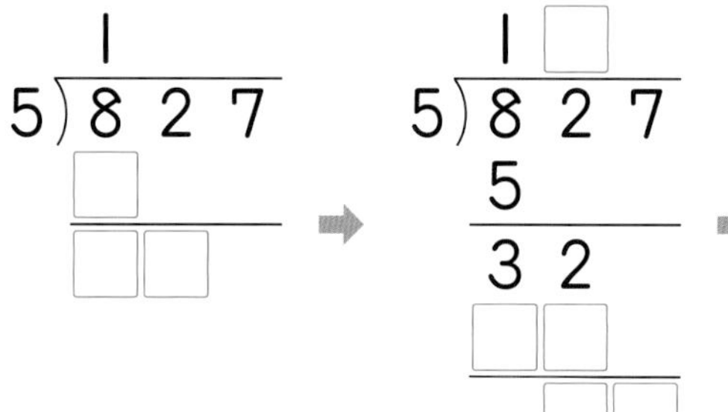

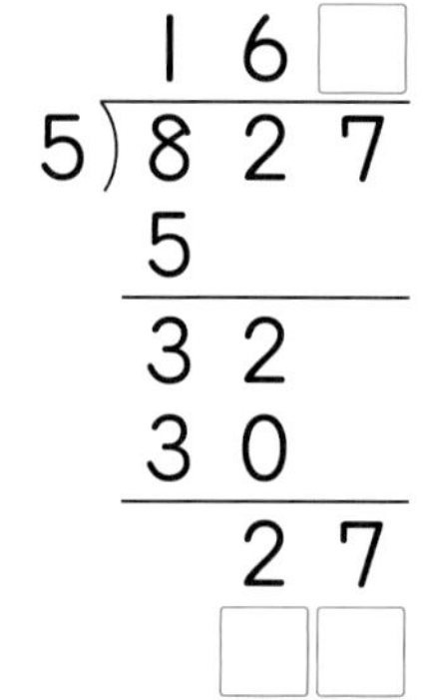

まず，百の位の計算をする。

32÷5で，十の位に商6をたてる。

たいせつ
百の位から順に計算していきます。計算のあとで，答えのたしかめもしておきましょう。
5×165+2=□

答え

1 計算をしましょう。

❶

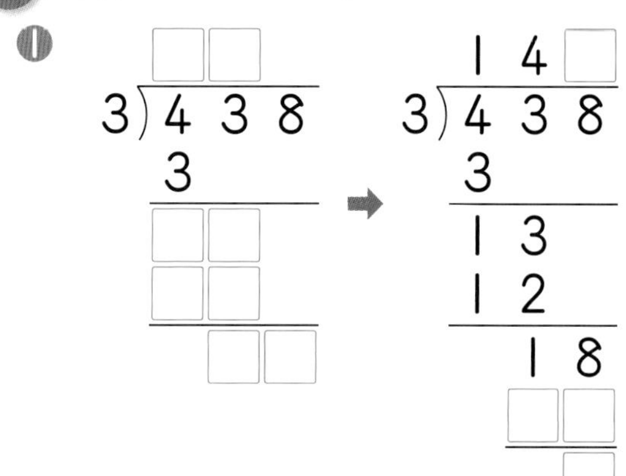

❷ 2)753

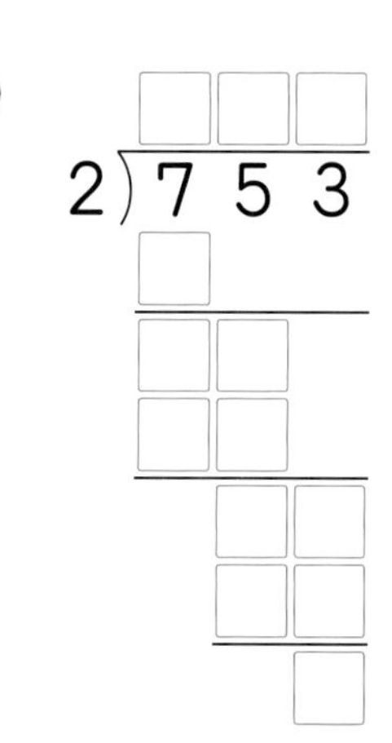

❸ 3)560

2 計算をしましょう。

❶ 4)514　❷ 3)475　❸ 5)685　❹ 7)801

❺ 6)732　❻ 2)547　❼ 3)897　❽ 4)670

ポイント　3けたの数をわるわり算でも，2けたの数をわるわり算と同じように，大きい位から順に計算していきます。

② 商に0がたつわり算

きほんのワーク

答え 4ページ

やってみよう

☆817÷4 の計算をしましょう。

とき方 筆算で計算します。

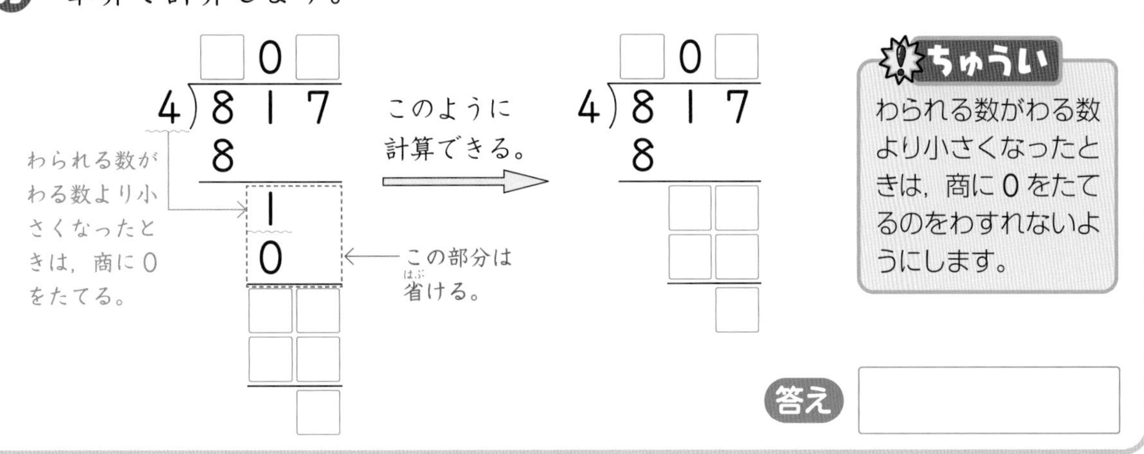

ちゅうい
わられる数がわる数より小さくなったときは，商に0をたてるのをわすれないようにします。

答え

1 計算をしましょう。

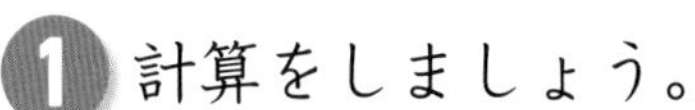

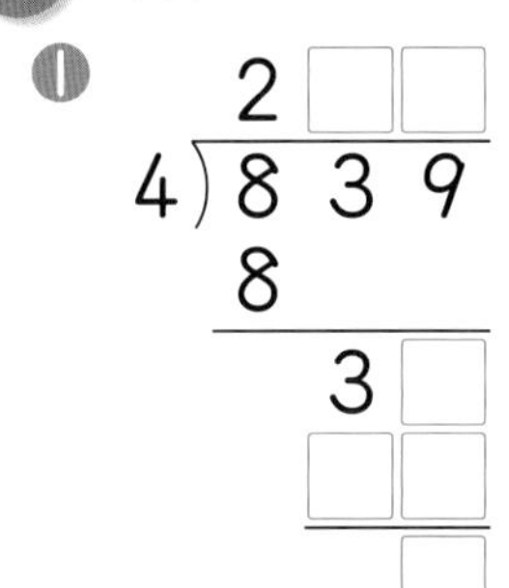

❶ 4)839

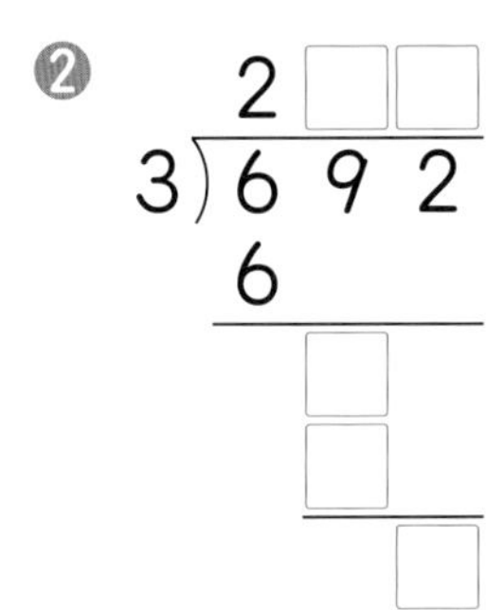

❷ 3)692

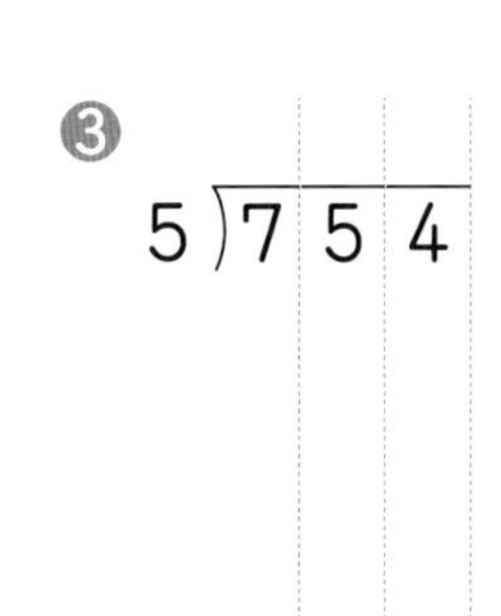

❸ 5)754

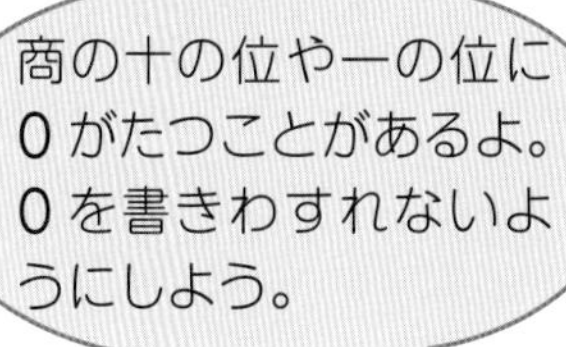

2 計算をしましょう。

❶ 2)616　❷ 5)534　❸ 3)928　❹ 7)759

❺ 3)361　❻ 7)915　❼ 6)783　❽ 2)560

ポイント
商に0がたつわり算では，たてた0を書くのをわすれないようにします。また，0をたてたあとの計算は省ける部分があります。

勉強した日　月　日

③ (3けた)÷(1けた)の計算(2)

きほんのワーク

答え 4ページ

やってみよう

☆576÷7 の計算をしましょう。

とき方 筆算で計算します。

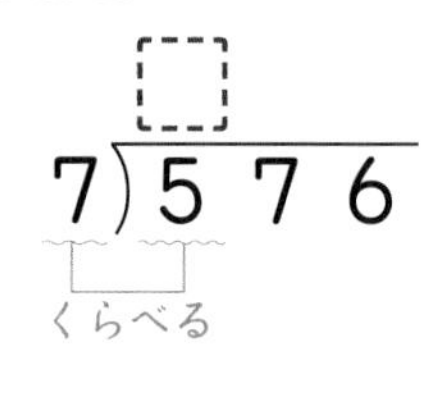

5は7より小さいから，百の位に商はたたない。

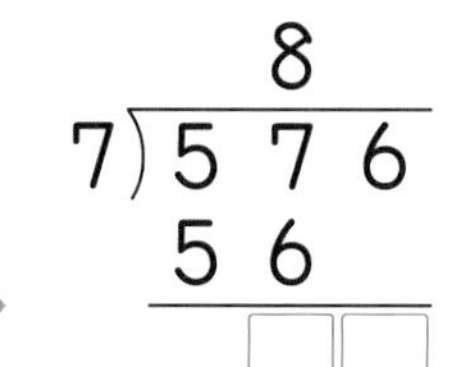

57÷7で，十の位に商8をたてる。

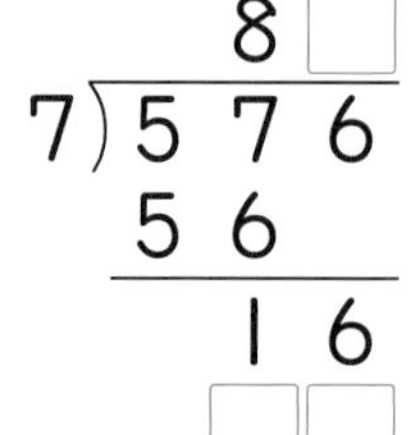

わられる数のいちばん大きい位の数が，わる数より小さいときは，次の位の数までふくめた数で計算を始めます。

答え

1 計算をしましょう。

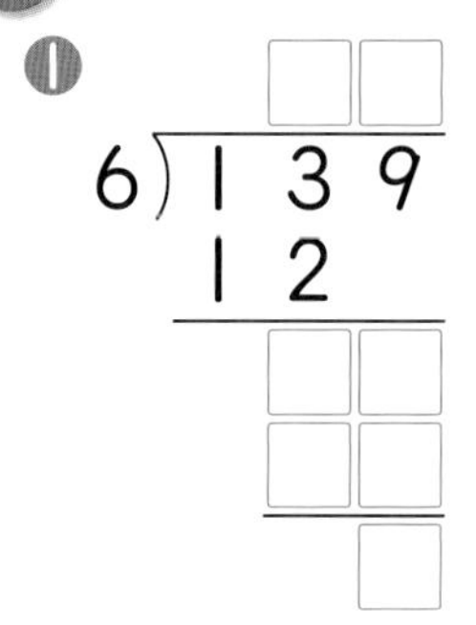

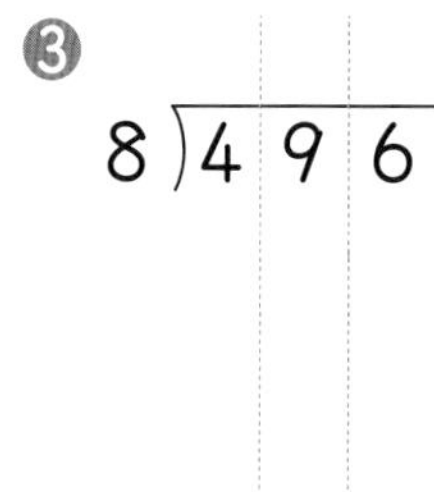

❸ 8)496

❹ 7)564

❹は，一の位の計算を書かずに省くことができるよ。

2 計算をしましょう。

❶ 7)279　❷ 3)263　❸ 5)367　❹ 8)190

❺ 3)204　❻ 6)127　❼ 4)328　❽ 9)456

ポイント 百の位に商がたたないときは，十の位の数までふくめた数で，商を考えます。

④（4けた）÷（1けた）の計算

きほんのワーク

答え 4ページ

やってみよう

☆1658÷6の計算をしましょう。

とき方 筆算で計算します。

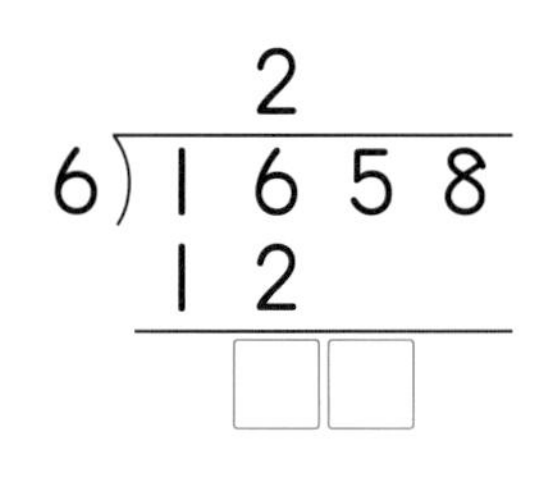

千の位に商がたたないので，百の位の数までふくめた数で計算を始める。

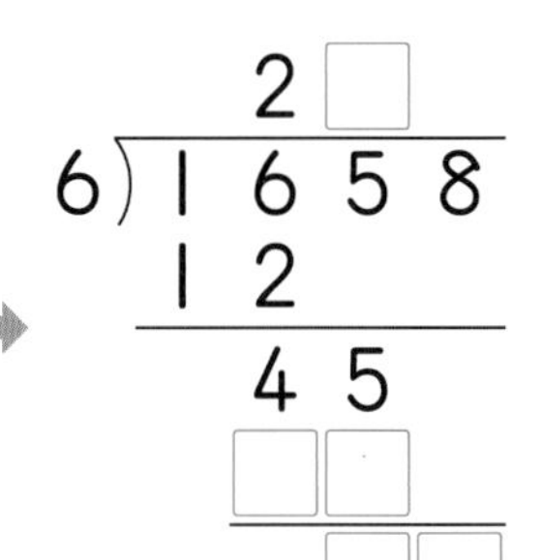

27□
6)1658
12
45
42
38
□□
□

たいせつ
わられる数が大きくなっても，これまでと同じように，大きい位から順(じゅん)に計算していきます。

答え

1 計算をしましょう。

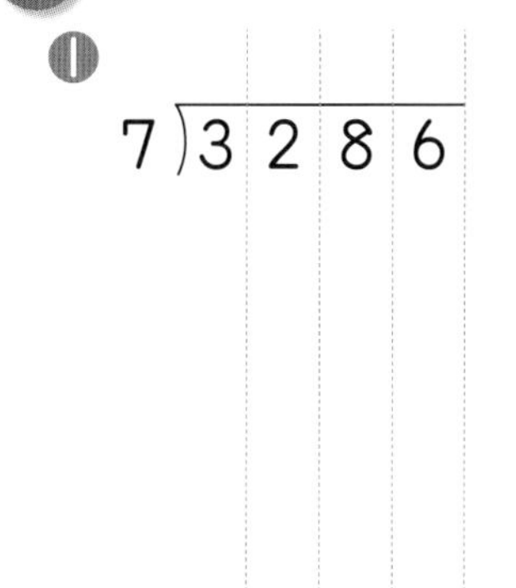

❶ 7)3286

❷ 9)5442

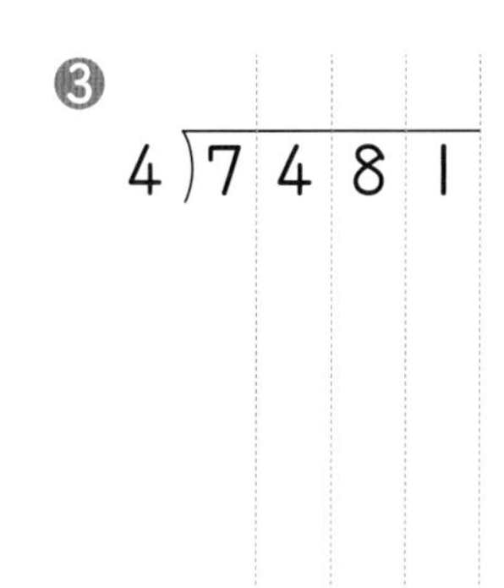

❸ 4)7481

2 計算をしましょう。

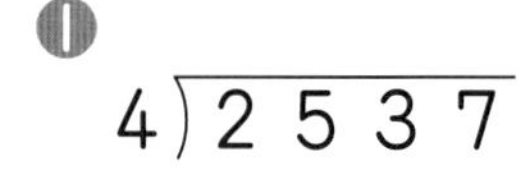

❶ 4)2537

❷ 6)3576

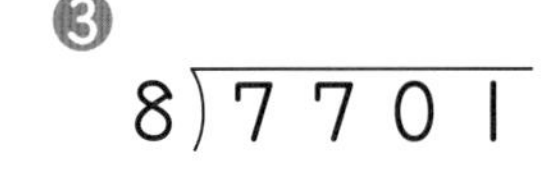

❸ 8)7701

❹ 6)9430

❺ 4)2839

❻ 5)3528

❼ 7)6865

ポイント 4けたの数をわるわり算でも，2けたの数や3けたの数をわるわり算と同じように，大きい位から順に計算していきます。何の位から商がたつか考えながら，筆算を進めましょう。

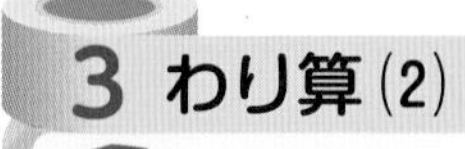

まとめのテスト❶

時間 20分

とく点 /100点

答え 4ページ

1 よく出る 計算をしましょう。

1つ5〔40点〕

❶ 7)783　❷ 3)750　❸ 2)839　❹ 3)625

❺ 7)907　❻ 4)632　❼ 8)846　❽ 6)964

2 よく出る 計算をしましょう。

1つ5〔40点〕

❶ 4)175　❷ 9)574　❸ 2)138　❹ 6)278

❺ 3)249　❻ 7)613　❼ 8)294　❽ 6)409

3 計算をしましょう。

1つ5〔20点〕

❶ 7)1294　❷ 4)2815　❸ 2)6978　❹ 4)5014

チェック

□ (3けた・4けた)÷(1けた)の計算ができたかな？

□ 商に0がたつわり算ができたかな？

まとめのテスト②

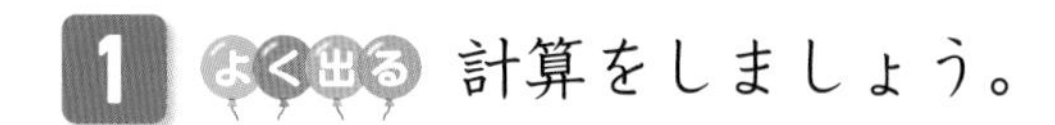

答え 4ページ

時間 20分

とく点 /100点

1 よく出る 計算をしましょう。 1つ5〔80点〕

❶ $6\overline{)816}$

❷ $3\overline{)367}$

❸ $7\overline{)608}$

❹ $6\overline{)725}$

❺ $4\overline{)823}$

❻ $5\overline{)898}$

❼ $9\overline{)657}$

❽ $3\overline{)650}$

❾ $6\overline{)490}$

❿ $2\overline{)355}$

⓫ $3\overline{)612}$

⓬ $8\overline{)984}$

⓭ $7\overline{)2618}$

⓮ $4\overline{)4385}$

⓯ $6\overline{)8760}$

⓰ $3\overline{)2012}$

2 次の3けたの数をわるわり算で，商が十の位(くらい)からたつとき，□にあてはまる数をすべて答えましょう。 〔20点〕

$4\overline{)\square 01}$

(　　　　　　　　　　)

□商がどの位からたつかわかったかな？
□(4けた)÷(1けた)のわり算ができたかな？

① 角の大きさの表し方
きほんのワーク

答え 5ページ

やってみよう

☆あの角度は何度ですか。

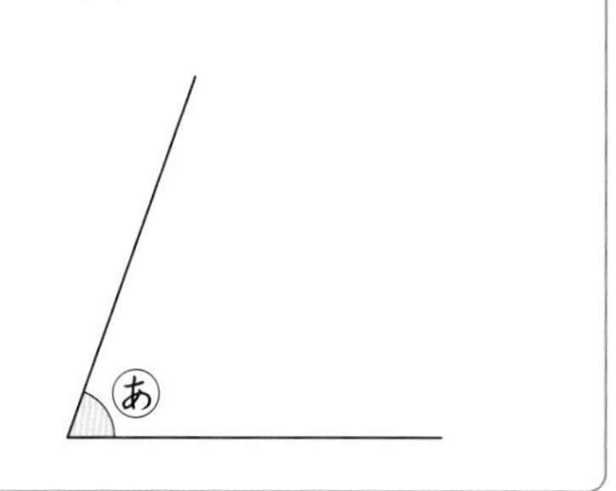

とき方 角度は，次のように分度器を使ってはかります。

1 分度器の中心を，角の頂点アに合わせる。
2 0°の線を辺アイに合わせる。
3 辺アウと重なっているめもり(0°の線を合わせたほうの赤いめもり)をよむ。

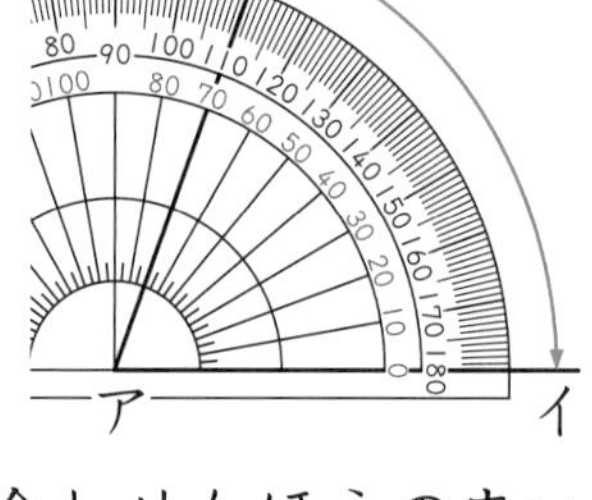

答え □°

たいせつ
直角を90に等分した1つ分の角の大きさを1**度**といい，1°と書きます。また，角の大きさのことを，**角度**ともいいます。

1 次の角度は何度ですか。

❶ ❷ ❸

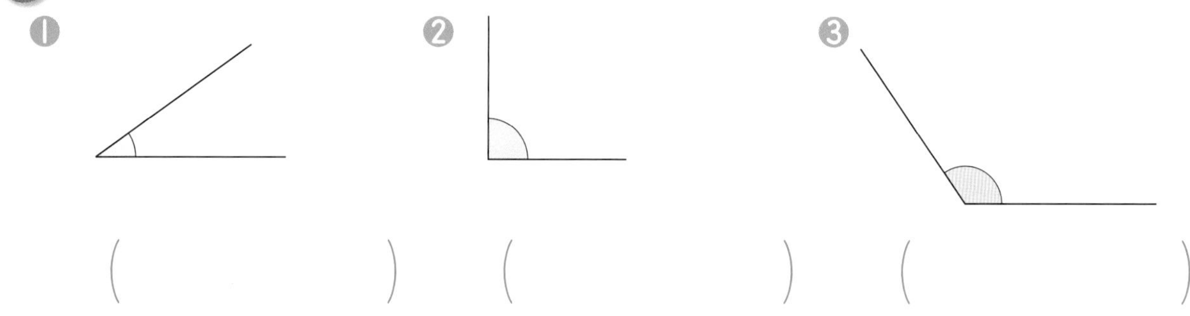

(　　) (　　) (　　)

2 三角じょうぎの角度を答えましょう。

❶ ❷

あ(　　)　い(　　)　う(　　)

え(　　)　お(　　)　か(　　)

3 □にあてはまる数を書きましょう。

❶ 半回転の角度は2直角だから，□°です。

❷ 1回転の角度は□直角だから，□°です。

ポイント 角度は分度器を使ってはかります。また，1直角の大きさは90°です。

② 角度のはかり方
きほんのワーク

答え　5ページ

やってみよう

☆あの角度は何度ですか。

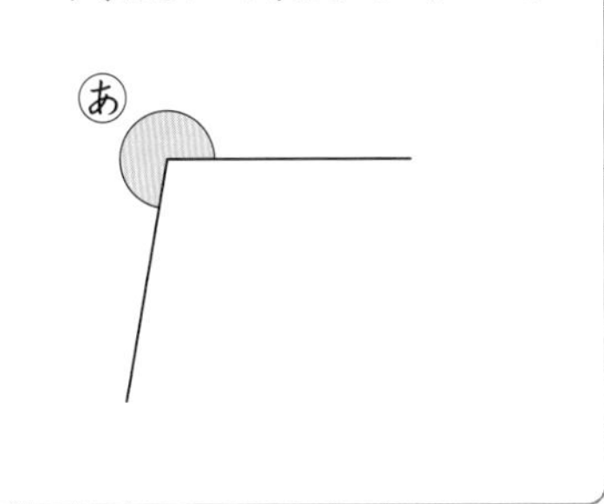

とき方　180°より大きい角度をはかるには，次の2つの方法(ほうほう)があります。

《1》180°より何度大きいかを分度器ではかります。

右の図では，180°よりいの角度だけ大きいから，あの角度は，180°＋□°

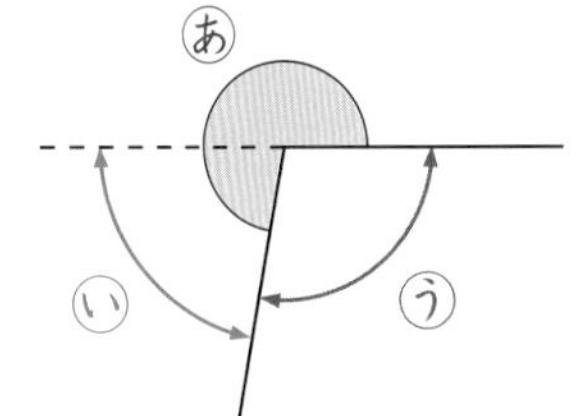

《2》360°より何度小さいかを分度器ではかります。上の図では，360°よりうの角度だけ小さいから，あの角度は，360°－□°

答え　□°

1 次の角度は何度ですか。

❶

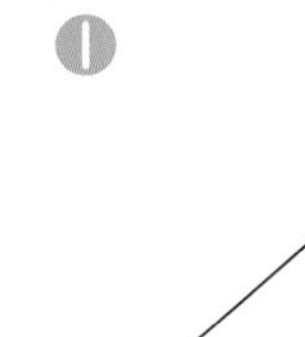

（　　　　）

❷

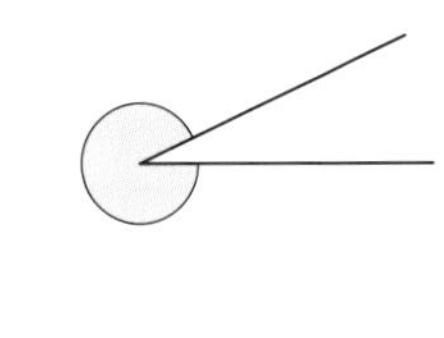

（　　　　）

2 あ，いの角度は何度ですか。

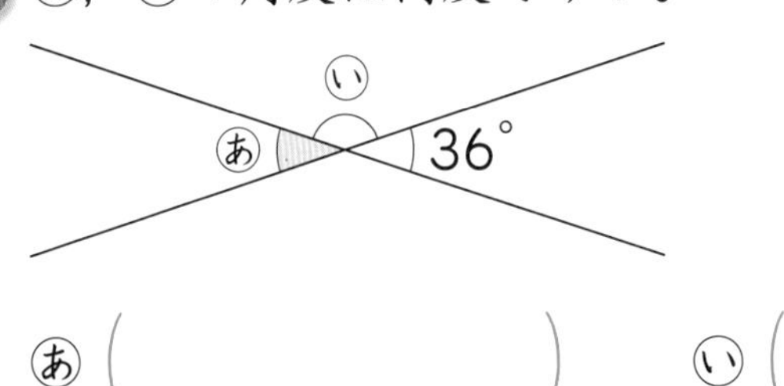

あ（　　　　）　い（　　　　）

向かい合った角

2本の直線が交わっているとき，**向かい合った角の大きさは等しく**なります。

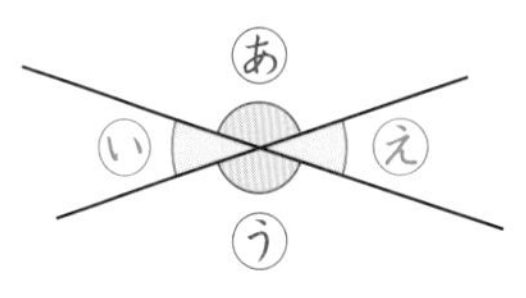

あの角度＝うの角度
いの角度＝えの角度

3 あの角度は何度ですか。

❶

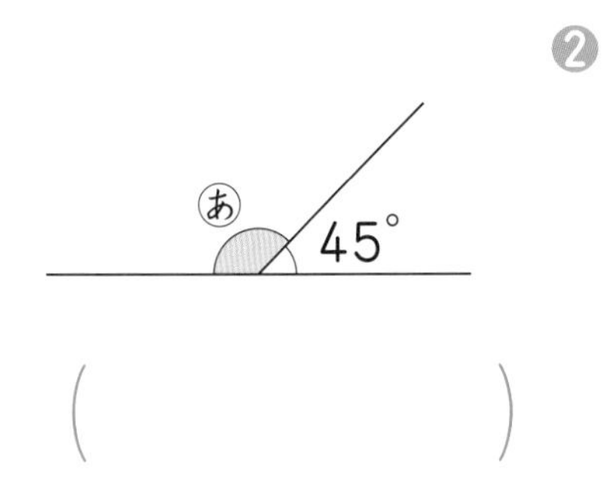

（　　　　）

❷

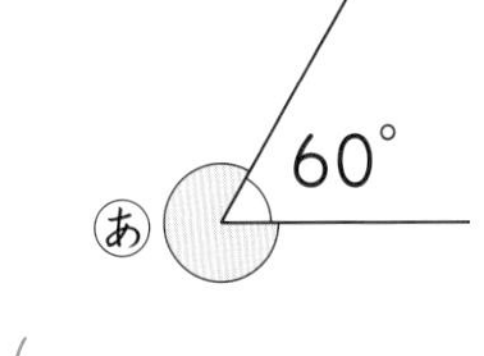

（　　　　）

❸

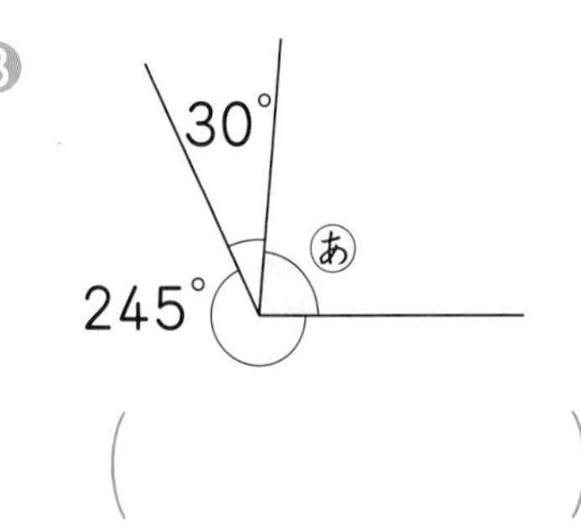

（　　　　）

ポイント　180°や360°に注目すると，180°より大きい角度をはかることができます。

勉強した日　月　日

③ 角のかき方
きほんのワーク

答え 5ページ

やってみよう

☆55°の角をかきましょう。

とき方　決まった大きさの角をかくには，分度器(ぶんどき)を使って，次のようにします。

1 角の１つの辺(へん)アイをひく。
2 分度器の中心を点アに合わせ，□°の線を辺アイに合わせる。
3 55°のめもりのところに点ウをうつ。
4 点□と点ウを通る直線をひく。

答え

ア―――――イ

ちゅうい
角がかけたら，もう一度その角の大きさをはかって，正しいかどうかをたしかめよう。

1 250°の角をかきましょう。

180°より大きい角のかき方
次の２つの方法(ほうほう)があります。
《1》250°は，180°より□°大きいから…
《2》250°は，360°より□°小さいから…

180°　□°

250°　□°

2 次の角をかきましょう。

❶ 25°　❷ 80°

❸ 175°　❹ 205°

ポイント　角をかくときはじょうぎと分度器を使います。まず，角の辺を１つひき，それに分度器の0°の線を合わせましょう。

1 よく出る 次の角度は何度ですか。 1つ10〔30点〕

❶ ( ) ❷ ( ) ❸ ( )

2 よく出る 1組の三角じょうぎを組み合わせてできる㋐の角度は何度ですか。 1つ10〔30点〕

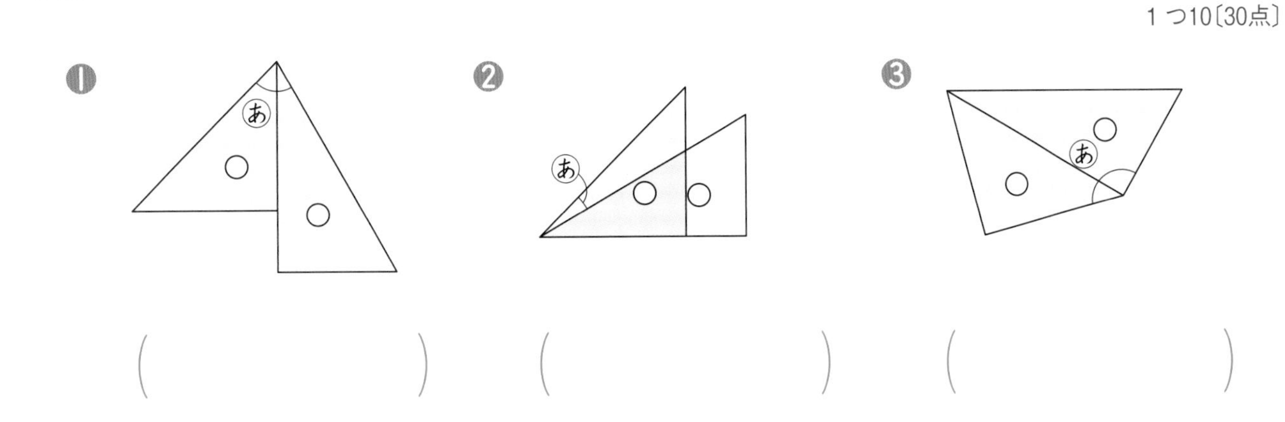

( ) ( ) ( )

3 次の大きさの角をかきましょう。 1つ10〔20点〕

4 次の図のような三角形をかきましょう。 1つ10〔20点〕

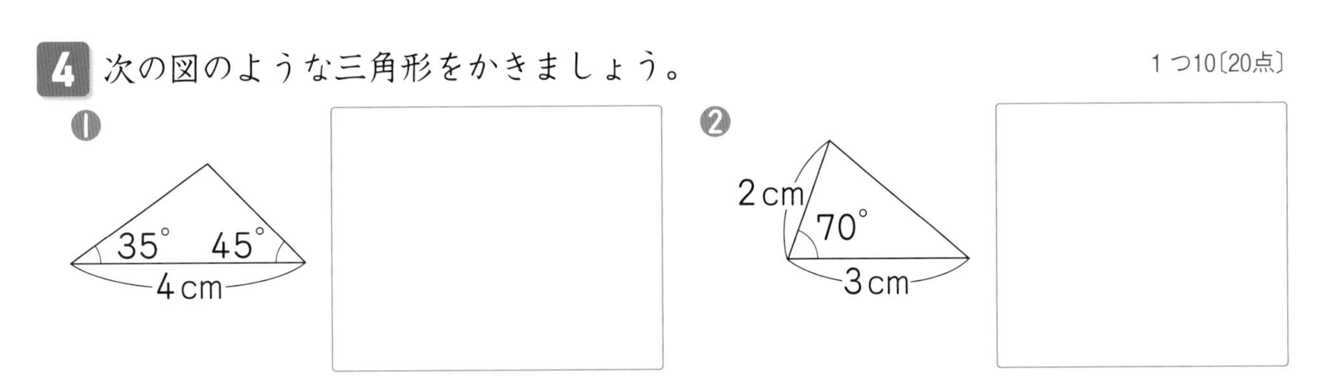

勉強した日 月 日

① 小数の表し方としくみ
きほんのワーク

答え 5ページ

やってみよう

☆次の重さを，kg単位(たんい)で表しましょう。 ❶ 3kg746g ❷ 2kg30g

とき方 1kg＝1000gだから，1kgの$\frac{1}{10}$の100gは0.1kg，0.1kgの$\frac{1}{10}$の10gは［ ］kg，0.01kgの$\frac{1}{10}$の1gは0.001kgです。

❶ 3kg……………1 kgが3こ分で3 kg

700g…0.1 kgが7こ分で0.7 kg

40g…0.01 kgが4こ分で0.04 kg

6g…0.001kgが6こ分で［ ］kg

3kg746g………………………………［ ］kg

❷ 30gは，0.01kg(10g)の［ ］こ分です。

答え ❶ ［ ］kg ❷ ［ ］kg

たいせつ

2 . 5 3 4
↑ ↑ ↑ ↑ ↑
一の位(くらい) 小数点 $\frac{1}{10}$の位(小数第一位) $\frac{1}{100}$の位(小数第二位) $\frac{1}{1000}$の位(小数第三位)

1 次の長さや重さを，〔 〕の中の単位で表しましょう。

❶ 2km519m〔km〕 ( )

❷ 8kg6g〔kg〕 ( )

❸ 1km465m〔km〕 ( )

❹ 7.2kg〔g〕 ( )

1km＝1000m
だから，
100m＝0.1km，
10m＝0.01km，
1m＝0.001km
だね。

2 □にあてはまる数を書きましょう。

❶ 0.92は，0.01を［ ］こ集めた数です。

❷ 3.04は，0.01を［ ］こ集めた数です。

❸ 20.94は，10を［ ］こ，0.1を［ ］こ，0.01を［ ］こあわせた数です。

❹ 1を3こ，0.1を6こ，0.001を8こあわせた数は［ ］です。

❺ 0.01を572こ集めた数は［ ］です。

❻ 0.001を630こ集めた数は［ ］です。

ポイント 整数と同じように，小数でも，その位を表す数がないときは0を書くのをわすれないようにします。

② 10倍，$\frac{1}{10}$にした数，小数の大小

きほんのワーク

答え 5ページ

やってみよう

☆4.12 を 10 倍，$\frac{1}{10}$ にした数はいくつですか。

とき方　小数も整数と同じように，10 倍すると位が □ けたずつ上がり，$\frac{1}{10}$ にすると位が □ けたずつ下がります。

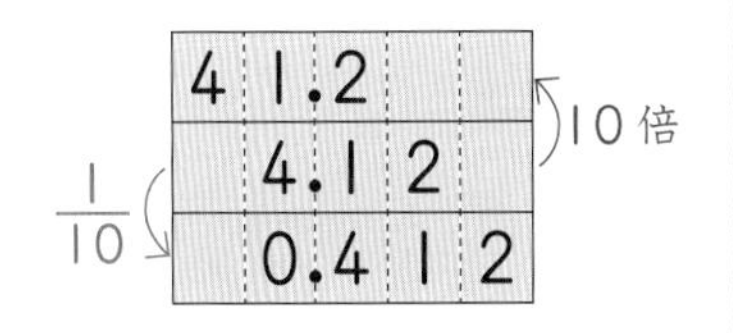

4	1.	2		
	4.	1	2	
	0.	4	1	2

（10 倍，$\frac{1}{10}$）

答え　10 倍 □
$\frac{1}{10}$ □

ちゅうい
小数を 100 倍すると，位は 2 けたずつ上がります。

1 □にあてはまる数を書きましょう。

❶ 1.537 を 10 倍した数は □　❷ 0.23 を 10 倍した数は □

❸ 28.6 を $\frac{1}{10}$ にした数は □　❹ 4.01 を $\frac{1}{10}$ にした数は □

2 次の数を書きましょう。

❶ 1.38 の 10 倍（　　）　❷ 0.06 の 10 倍（　　）

❸ 0.205 の 100 倍（　　）　❹ 5.87 の 100 倍（　　）

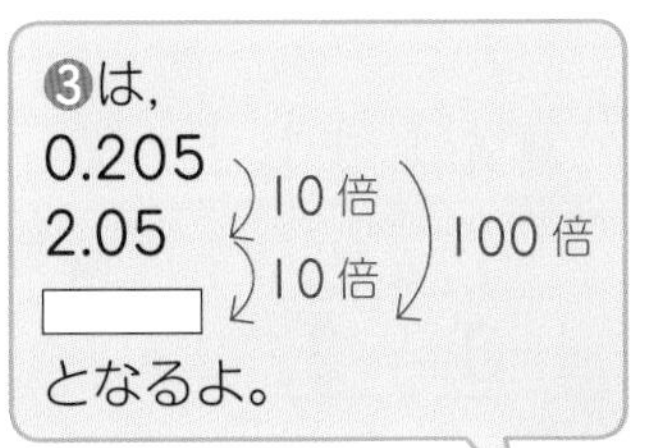

❺ 10.41 の $\frac{1}{10}$（　　）　❻ 0.3 の $\frac{1}{10}$（　　）

❼ 2.4 の $\frac{1}{100}$（　　）　❽ 82 の $\frac{1}{100}$（　　）

3 □にあてはまる不等号（ふとうごう）を書きましょう。

❶ 7.83 □ 8.96　❷ 3.402 □ 3.42　❸ 2.685 □ 2.65

❹ 5.612 □ 5.621　❺ 0.4 □ 0.05　❻ 0 □ 0.007

ポイント　小数を 10 倍すると，小数点は右へ 1 けたうつり，$\frac{1}{10}$ にする（10 でわる）と，小数点は左へ 1 けたうつります。

勉強した日　　月　　日

③ 小数のたし算(1)

きほんのワーク

やってみよう

☆4.32＋1.86 の計算をしましょう。

とき方　筆算で計算します。

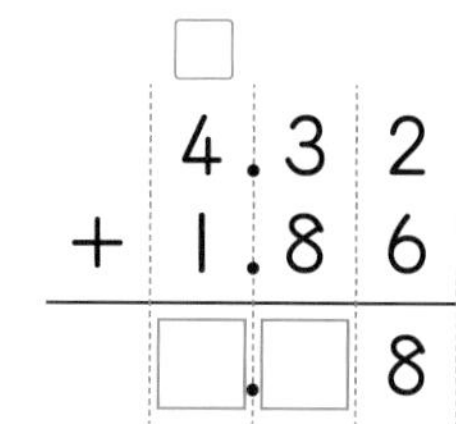

$$\begin{array}{r} 4.32 \\ +\ 1.86 \\ \hline \square.\square 8 \end{array}$$

1　位(くらい)をたてにそろえて書く。
2　整数のたし算と同じように計算する。
3　上の小数点にそろえて，和の小数点をうつ。

たいせつ
・小数のたし算は，小数点より右の位がふえても，これまでと同じように右の位から順(じゅん)に計算します。
・たし算の答えを**和**(わ)といいます。

答え

1 計算をしましょう。

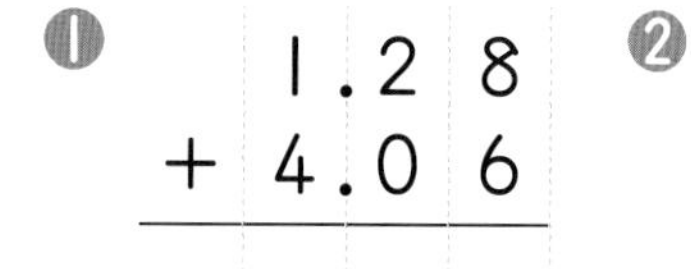

❶ $\begin{array}{r} 1.28 \\ +\ 4.06 \\ \hline \end{array}$　❷ $\begin{array}{r} 0.83 \\ +\ 0.18 \\ \hline \end{array}$　❸ $\begin{array}{r} 3.725 \\ +\ 0.647 \\ \hline \end{array}$

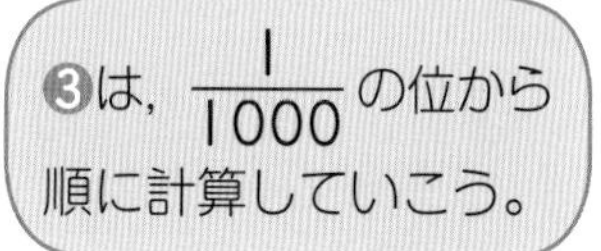

2 計算をしましょう。

❶ $\begin{array}{r} 1.45 \\ +\ 3.42 \\ \hline \end{array}$　❷ $\begin{array}{r} 4.36 \\ +\ 2.92 \\ \hline \end{array}$　❸ $\begin{array}{r} 7.03 \\ +\ 5.81 \\ \hline \end{array}$　❹ $\begin{array}{r} 4.39 \\ +\ 4.75 \\ \hline \end{array}$

❺ $\begin{array}{r} 0.42 \\ +\ 0.89 \\ \hline \end{array}$　❻ $\begin{array}{r} 22.63 \\ +\ 3.56 \\ \hline \end{array}$　❼ $\begin{array}{r} 6.07 \\ +\ 7.94 \\ \hline \end{array}$　❽ $\begin{array}{r} 5.76 \\ +\ 16.28 \\ \hline \end{array}$

3 計算をしましょう。

❶ $\begin{array}{r} 3.835 \\ +\ 0.159 \\ \hline \end{array}$　❷ $\begin{array}{r} 1.947 \\ +\ 4.221 \\ \hline \end{array}$　❸ $\begin{array}{r} 0.085 \\ +\ 0.367 \\ \hline \end{array}$　❹ $\begin{array}{r} 2.452 \\ +\ 6.549 \\ \hline \end{array}$

ポイント　同じ位の数どうしを計算するためには，位に注目して，位をそろえて書くことが大切です。

④ 小数のたし算(2)
きほんのワーク

答え 5ページ

やってみよう

☆計算をしましょう。 ❶ 1.47＋3.93 ❷ 1.65＋0.8

とき方 筆算で計算します。

❶
```
   1.4 7
 + 3.9 3
 ───────
 [    ]0
```
←答えの，小数点より右の終わりの位の0は＼で消します。

❷
```
   1.6 5
 + 0.8 0
 ───────
 [    ]5
```
0←0.8を0.80と考えると，位をそろえやすくなります。

答え ❶  ❷ 

1 計算をしましょう。

❶
```
   0.9 5 5
 + 1.3 4 5
 ─────────
 [    ]0 0
```

❷
```
   1 5.6 0
 +   7.0 7
 ─────────
 [       ]
```

❸
```
   7.0 0
 + 4.1 2
 ───────
 [     ]
```

2 計算をしましょう。

❶
```
  2.8 2
+ 5.5 8
```

❷
```
  0.0 6
+ 1.0 4
```

❸
```
  0.8 7
+ 0.2 3
```

❹
```
  5.7 1
+ 8.2 9
```

❺
```
  1 7.3 5
+   4.2 5
```

❻
```
    0.6 9
+ 2 8.3 1
```

❼
```
  5.9 0 8
+ 0.3 4 2
```

❽
```
  7.2 4 3
+ 9.7 5 7
```

3 計算を筆算でしましょう。

❶ 2.96＋1.2　❷ 24.97＋5.7　❸ 0.62＋43.5

ポイント 筆算の結果が「5.40」や「2.300」になったときには，0を消して答えは「5.4」や「2.3」とします。

勉強した日　　月　　日

⑤ 小数のひき算(1)

きほんのワーク

答え　6ページ

やってみよう

☆3.65－1.92 の計算をしましょう。

とき方　筆算で計算します。

```
  3.6 5
－1.9 2
────────
  □.□ 3
```

① 位(くらい)をたてにそろえて書く。

② 整数のひき算と同じように計算する。

③ 上の小数点にそろえて，差(さ)の小数点をうつ。

たいせつ

・小数のひき算は，小数のたし算と同じように，小数点より右の位がふえても，右の位から順(じゅん)に計算します。

・ひき算の答えを差といいます。

答え □

1 計算をしましょう。

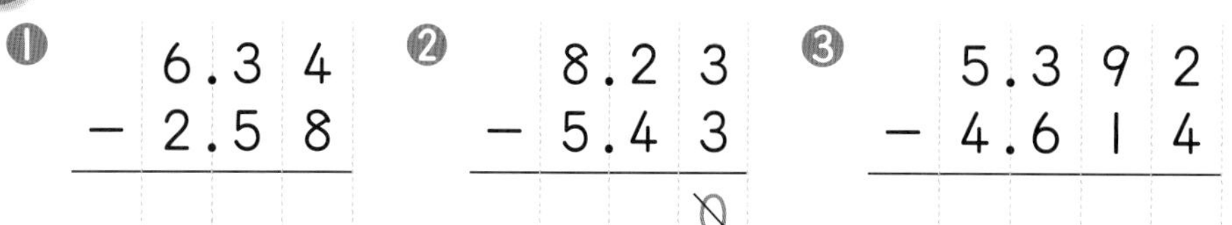
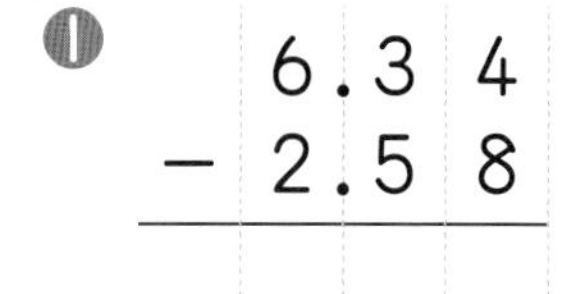
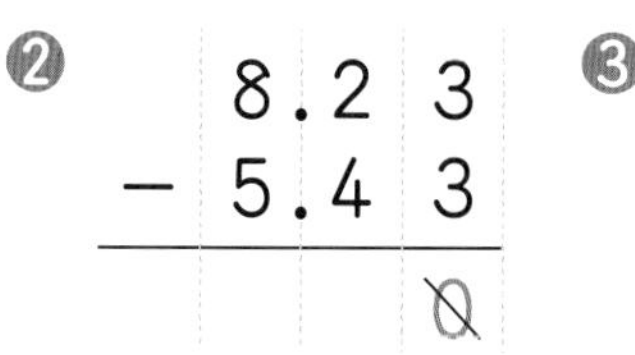

❶
```
  6.3 4
－2.5 8
```

❷
```
  8.2 3
－5.4 3
      0
```

❸
```
  5.3 9 2
－4.6 1 4
```

❸ 5.392－4.614＝0.778　整数の部分が0になったときは，0をわすれずに書くんだね。

2 計算をしましょう。

❶ 3.79－2.15　❷ 6.42－1.96　❸ 4.81－2.89　❹ 9.23－0.55

❺ 5.06－4.38　❻ 6.27－2.57　❼ 28.37－9.34　❽ 31.25－0.38

3 計算をしましょう。

❶ 4.994－2.347　❷ 5.265－0.692　❸ 8.316－3.056　❹ 7.067－6.853

ポイント　小数のひき算も，位に注目して，位をそろえて書くことが大切です。

⑥ 小数のひき算(2)
きほんのワーク

答え 6ページ

やってみよう

☆計算をしましょう。 ❶ 2.51－0.9 ❷ 5－1.74

とき方 筆算で計算します。

❶
```
  2.5 1
－ 0.9 0  ←0.9 を 0.90 と考えます。
─────
  □  1
```

❷
```
  5.0 0  ←整数の 5 を 5.00 と考えます。
－ 1.7 4
─────
  □  6
```

答え ❶ □ ❷ □

たいせつ
小数や整数の最後(さいご)に 0 があると考えて，ひく数とひかれる数の小数点から右のけた数を同じにして計算します。

1 計算をしましょう。

❶ 8.49－2.50 ❷ 3.10－0.68 ❸ 7.00－2.46 ❹ 2.500－1.921

2 計算をしましょう。

❶ 8.12－6.3 ❷ 5.01－4.7 ❸ 14.58－8.6 ❹ 6.2－3.47

❺ 9.5－0.88 ❻ 10.6－1.95 ❼ 8－0.36 ❽ 20－19.81

3 計算を筆算でしましょう。

❶ 5.412－1.58 ❷ 8.2－5.935 ❸ 2－0.074

ポイント 「整数－小数」の筆算では，5 を 5.00 と考えるように，整数に小数点と 0 をつけたしてけた数を同じにすると，考えやすくなり計算ミスをへらせます。

まとめのテスト①

時間 20分

答え 6ページ

1 次の長さや重さを，〔　〕の中の単位で表しましょう。　1つ4〔12点〕

❶ 7km804m〔km〕　❷ 3kg11g〔kg〕　❸ 60g〔kg〕

(　　　)　(　　　)　(　　　)

2 □にあてはまる不等号を書きましょう。　1つ4〔12点〕

❶ 4.21 □ 3.57　❷ 5.03 □ 5.3　❸ 7.499 □ 7.598

3 よく出る 計算をしましょう。　1つ4〔32点〕

❶ $\begin{array}{r} 1.24 \\ +2.37 \\ \hline \end{array}$　❷ $\begin{array}{r} 8.25 \\ +1.76 \\ \hline \end{array}$　❸ $\begin{array}{r} 2.05 \\ +3.05 \\ \hline \end{array}$　❹ $\begin{array}{r} 7.42 \\ +3.88 \\ \hline \end{array}$

❺ $\begin{array}{r} 6.724 \\ +7.489 \\ \hline \end{array}$　❻ $\begin{array}{r} 0.041 \\ +0.069 \\ \hline \end{array}$　❼ $\begin{array}{r} 8.46 \\ +13.8 \\ \hline \end{array}$　❽ $\begin{array}{r} 26 \\ +\ 9.25 \\ \hline \end{array}$

4 よく出る 計算をしましょう。　1つ4〔32点〕

❶ $\begin{array}{r} 6.42 \\ -4.38 \\ \hline \end{array}$　❷ $\begin{array}{r} 0.83 \\ -0.34 \\ \hline \end{array}$　❸ $\begin{array}{r} 16.05 \\ -\ 0.97 \\ \hline \end{array}$　❹ $\begin{array}{r} 9.001 \\ -8.247 \\ \hline \end{array}$

❺ $\begin{array}{r} 3.39 \\ -1.6 \\ \hline \end{array}$　❻ $\begin{array}{r} 9.1 \\ -6.12 \\ \hline \end{array}$　❼ $\begin{array}{r} 16.7 \\ -\ 0.83 \\ \hline \end{array}$　❽ $\begin{array}{r} 1 \\ -0.888 \\ \hline \end{array}$

5 計算をしましょう。　1つ6〔12点〕

❶ 6.3＋1.88＋5.04　❷ 4.35－1.36＋0.02

チェック
□小数のしくみがわかったかな？
□小数のたし算・ひき算ができたかな？

まとめのテスト②

答え 6ページ

とく点

/100点

1 □にあてはまる数を書きましょう。　1つ4〔16点〕

❶ 5.203は，1を□こ，0.1を□こ，0.001を□こあわせた数です。

❷ 10を7こ，0.01を9こ，0.001を4こあわせた数は□です。

❸ 8.56は，0.01を□こ集めた数です。

❹ 0.001を200こ集めた数は□です。

2 次の数を10倍，100倍，$\frac{1}{10}$，$\frac{1}{100}$にした数はいくつですか。　1つ3〔24点〕

❶ 0.63　10倍（　　）　100倍（　　）

$\frac{1}{10}$（　　）　$\frac{1}{100}$（　　）

❷ 81.9　10倍（　　）　100倍（　　）

$\frac{1}{10}$（　　）　$\frac{1}{100}$（　　）

3 よく出る 計算をしましょう。　1つ5〔60点〕

❶ $\begin{array}{r} 4.03 \\ +0.98 \\ \hline \end{array}$

❷ $\begin{array}{r} 9.48 \\ +27.67 \\ \hline \end{array}$

❸ $\begin{array}{r} 4.38 \\ +12.12 \\ \hline \end{array}$

❹ $\begin{array}{r} 1.539 \\ +6.461 \\ \hline \end{array}$

❺ $\begin{array}{r} 2.75 \\ +0.058 \\ \hline \end{array}$

❻ $\begin{array}{r} 1.876 \\ +9.17 \\ \hline \end{array}$

❼ $\begin{array}{r} 9.14 \\ -8.57 \\ \hline \end{array}$

❽ $\begin{array}{r} 13.37 \\ -6.28 \\ \hline \end{array}$

❾ $\begin{array}{r} 3.125 \\ -1.845 \\ \hline \end{array}$

❿ $\begin{array}{r} 35.4 \\ -9.85 \\ \hline \end{array}$

⓫ $\begin{array}{r} 1 \\ -0.594 \\ \hline \end{array}$

⓬ $\begin{array}{r} 0.8 \\ -0.346 \\ \hline \end{array}$

チェック ☐小数を10倍，100倍，$\frac{1}{10}$，$\frac{1}{100}$にしたときの位(くらい)の上がり方，下がり方がわかったかな？

勉強した日 月 日

① 何十でわる計算
きほんのワーク

答え 6ページ

やってみよう

☆240÷80 の計算をしましょう。

とき方 240÷80 は，10 をもとにして考えると，□÷8=□ となるから，240÷80=□

答え □

240÷80=□
□ ÷ 8=□ 同じとみることができるよ。

たいせつ
10 をもとにして考えると，かん単(たん)に計算することができます。

1 □にあてはまる数を書きましょう。

❶ 200÷50 の計算は，10 をもとにして考えると，□÷5=□ だから，200÷50=□

❷ 130÷40 の計算は，10 をもとにして考えると，□÷4=□ あまり 1 だから，130÷40=□ あまり □

❷の 13÷4=3 あまり① は，10 をもとにしているから，あまりの①は「10 が 1 こ」を表すので，あまりは 10 になるんだ。

2 計算をしましょう。

❶ 60÷20　❷ 80÷40　❸ 180÷30　❹ 640÷80

❺ 210÷70　❻ 540÷90　❼ 400÷80　❽ 300÷50

3 計算をしましょう。

❶ 90÷20　❷ 70÷30　❸ 130÷20　❹ 230÷40

❺ 290÷30　❻ 380÷60　❼ 420÷90　❽ 370÷80

❾ 300÷70　❿ 600÷80　⓫ 400÷60　⓬ 800÷90

ポイント 10 をもとにして考えるときは，あまりも 10 をもとにして考えます。

② (2けた)÷(2けた)の計算(1)

きほんのワーク

答え 6ページ

やってみよう

☆64÷32 の計算をしましょう。

とき方 筆算で計算します。

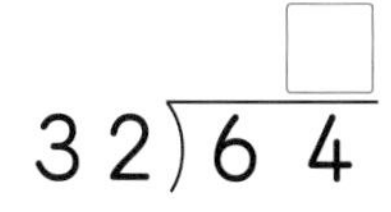

64→60、32→30 とみて、見当をつけた商 2 を一の位にたてる。

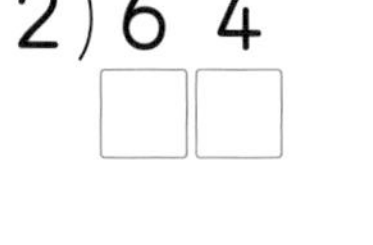

32 に、一の位にたてた商 2 をかける。

わられる数 64 から 32×2=64 をひく。

たいせつ
わる数とわられる数の両方を何十の数とみて、商の見当をつけます。

答え □

1 □にあてはまる数を書きましょう。

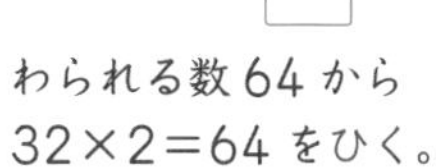

❶ 12)48　❷ 25)75　❸ 13)78

❸ 13)78 → 13)78（商7、91）
見当をつけた商が大きすぎたときは、商を1ずつ小さくするよ。

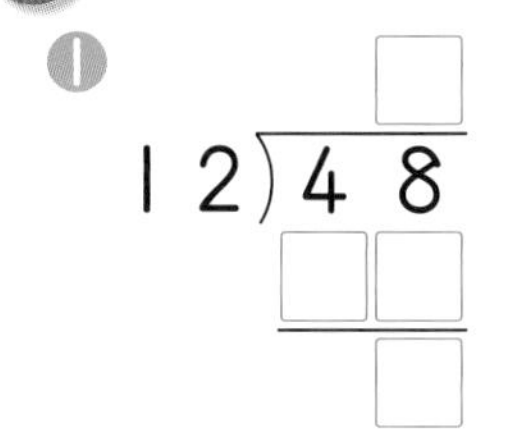
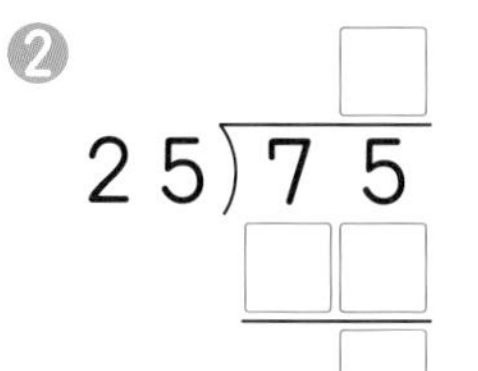
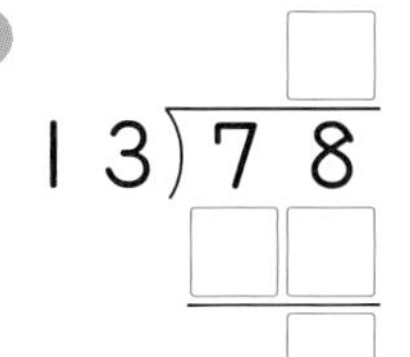

2 計算をしましょう。

❶ 23)69　❷ 14)84　❸ 27)54　❹ 29)87

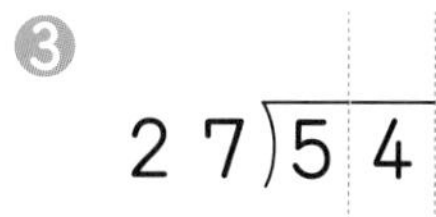
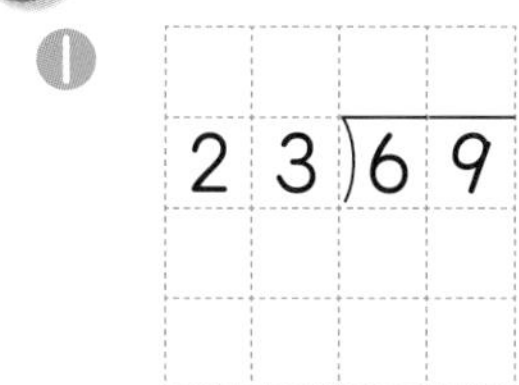
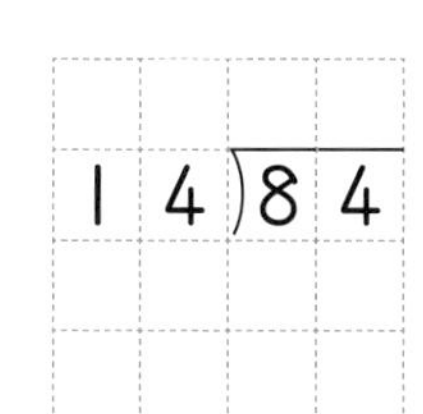

3 計算をしましょう。

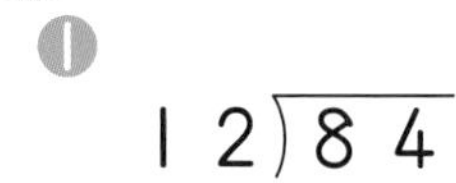

❶ 12)84　❷ 33)99　❸ 18)72　❹ 46)92

❺ 17)68　❻ 26)78　❼ 14)42　❽ 18)90

ポイント 見当をつけた商が、大きすぎたときは商を1ずつ順に小さく、小さすぎたときは商を1ずつ順に大きくしていきます。

勉強した日　月　日

③ (2けた)÷(2けた)の計算(2)

きほんのワーク

答え 6ページ

やってみよう

☆94÷23の計算をしましょう。

とき方 筆算で計算します。

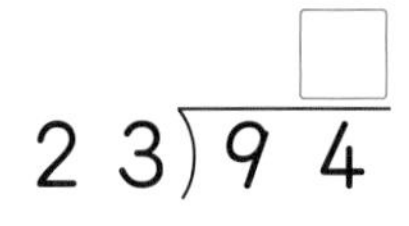

$23\overline{)94}$ → $23\overline{)94}$ 商4 → $23\overline{)94}$ 商4、92

94→90、23→20 とみて、見当をつけた商4を一の位(くらい)にたてる。

23に、一の位にたてた商4をかける。

わられる数94から23×4=92をひく。

答え

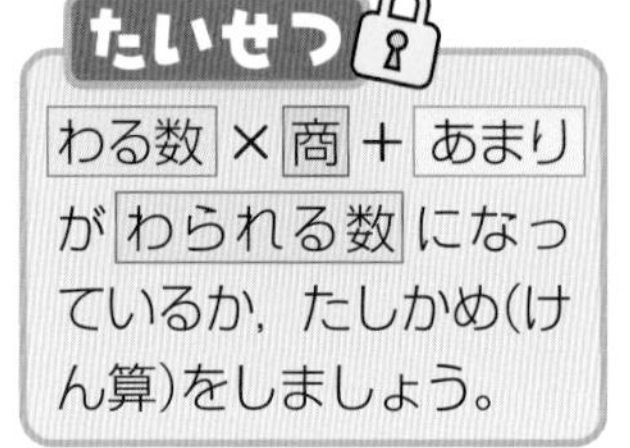

1 □にあてはまる数を書きましょう。

❶

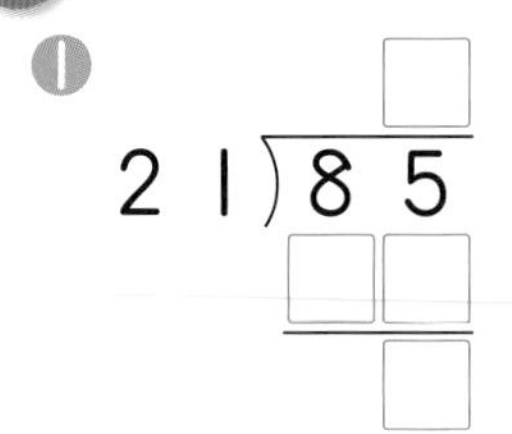

$21\overline{)85}$

❷

$18\overline{)74}$

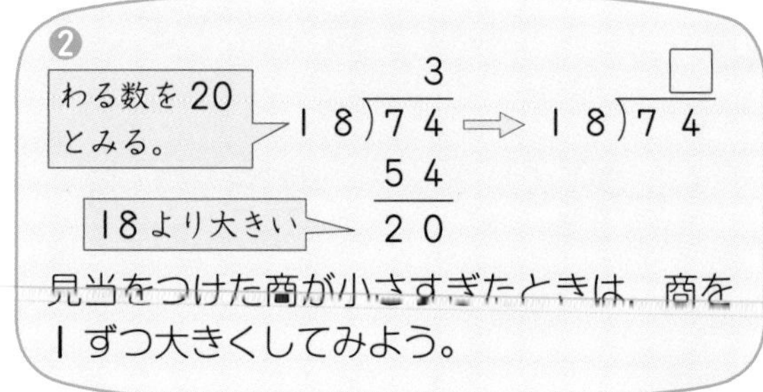

2 計算をしましょう。

❶

$43\overline{)89}$

❷

$25\overline{)87}$

❸

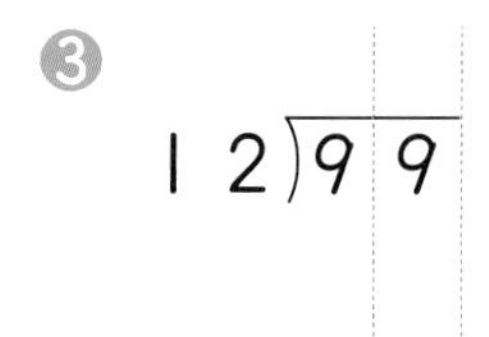

$12\overline{)99}$

❹

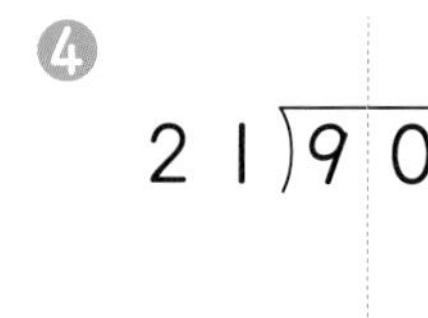

$21\overline{)90}$

3 計算をしましょう。

❶ $24\overline{)98}$

❷ $31\overline{)97}$

❸ $27\overline{)84}$

❹ $26\overline{)90}$

❺ $35\overline{)95}$

❻ $16\overline{)63}$

❼ $13\overline{)87}$

❽ $33\overline{)60}$

ポイント わる数を近いほうの何十の数とみると、商の見当がつけやすくなります。

まとめのテスト

答え 7ページ

とく点
/100点

1 計算をしましょう。 1つ3〔36点〕

❶ 80÷20　❷ 150÷30　❸ 420÷70　❹ 350÷50

❺ 240÷40　❻ 100÷50　❼ 70÷20　❽ 510÷60

❾ 490÷50　❿ 250÷40　⓫ 630÷80　⓬ 500÷90

2 よく出る 計算をしましょう。 1つ4〔64点〕

❶ 21)84　❷ 17)91　❸ 22)74　❹ 36)98

❺ 14)76　❻ 29)89　❼ 14)98　❽ 15)81

❾ 13)72　❿ 38)73　⓫ 16)96　⓬ 18)82

⓭ 21)59　⓮ 12)88　⓯ 32)95　⓰ 24)71

チェック✓
□ 何十でわる計算ができたかな？
□ (2けた)÷(2けた)の計算ができたかな？

① (3けた)÷(2けた)の計算(1)

きほんのワーク

答え 7ページ

やってみよう

☆148÷27 の計算をしましょう。

とき方 筆算で計算します。

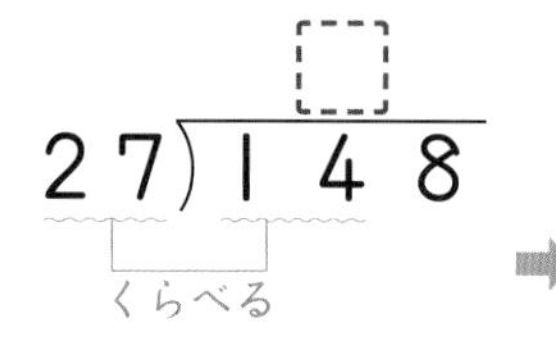

14は27より小さいから，十の位に商はたたない。

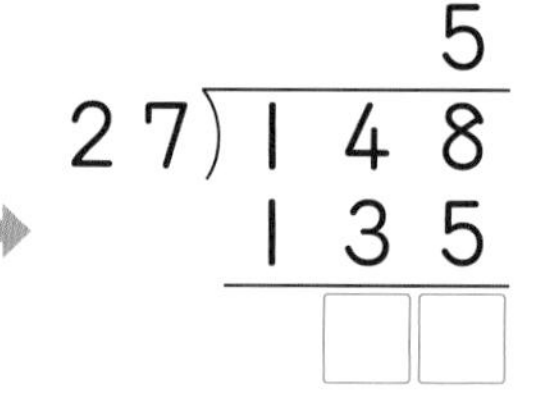

148→150，27→30 とみて，商の見当をつけ，一の位にたてる。

27)148 の商 5，135

答え

ちゅうい
わられる数の上から2けたの数がわる数よりも小さいときは，商は一の位にたちます。

1 □にあてはまる数を書きましょう。

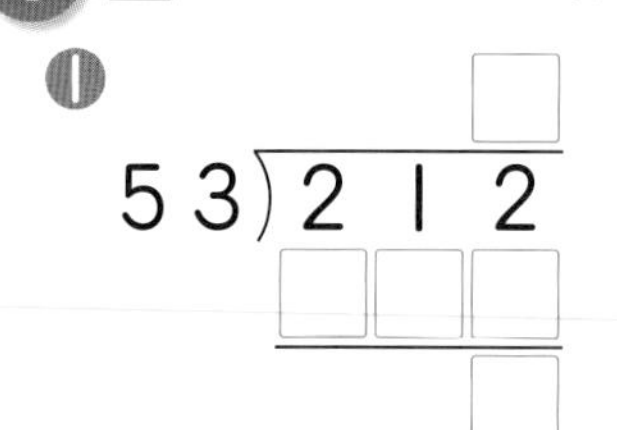

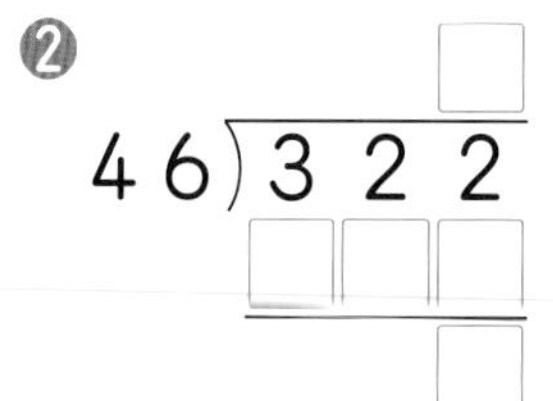

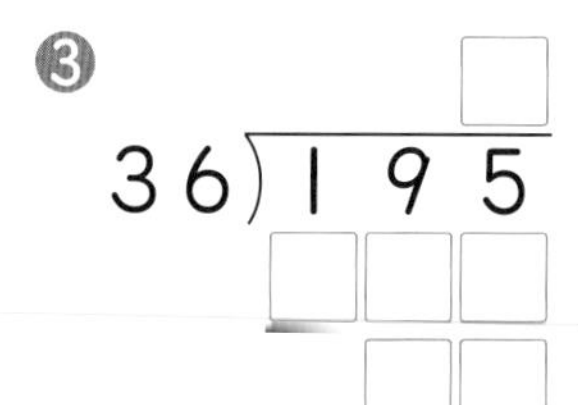

❹ 59)480

2 計算をしましょう。

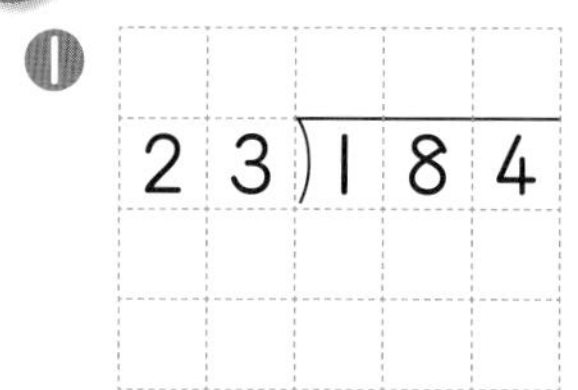

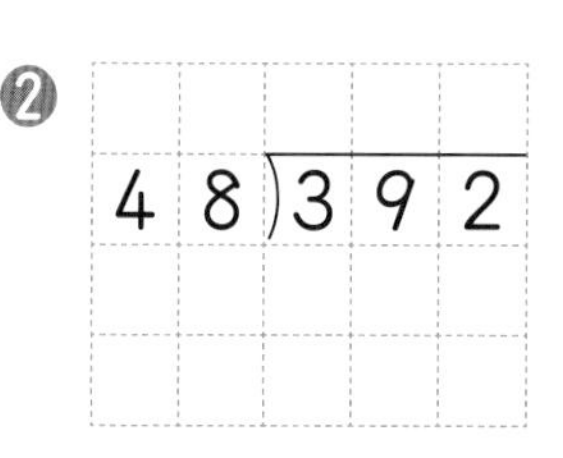

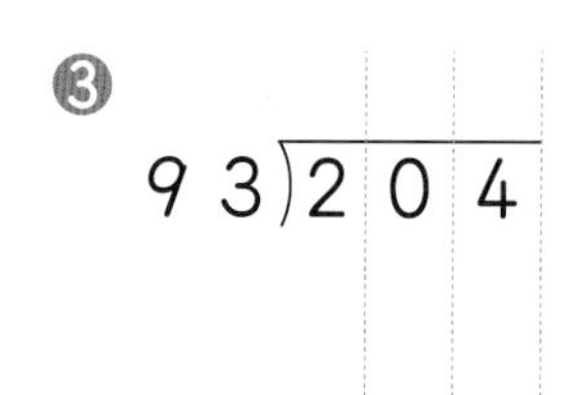

❹ 63)500

3 計算をしましょう。

❶ 59)531　❷ 35)210　❸ 45)355　❹ 39)269

❺ 83)753　❻ 64)241　❼ 72)306　❽ 24)200

ポイント わられる数を何百何十の数，わる数を何十の数とみて，商の見当をつけます。

② (3けた)÷(2けた)の計算(2)

きほんのワーク

答え　7ページ

やってみよう

☆742÷23の計算をしましょう。

とき方　筆算で計算します。

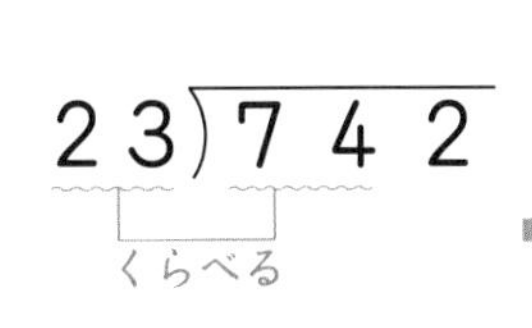

74は23より
大きいから，
商は十の位からたつ。

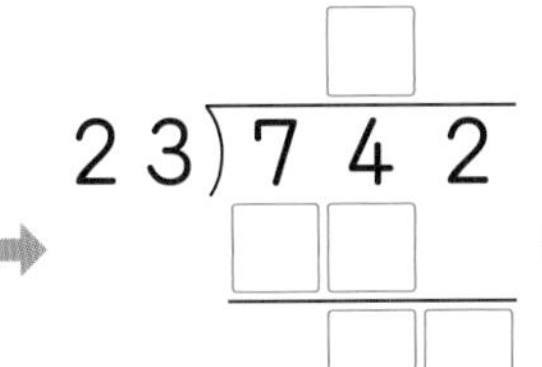

74→70
23→20 とみて，
商の見当をつける。

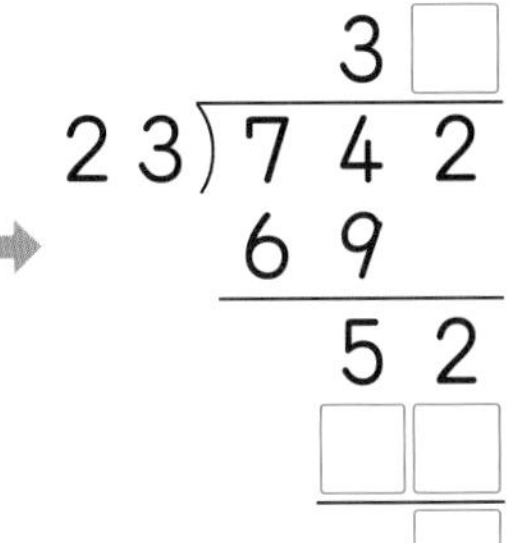

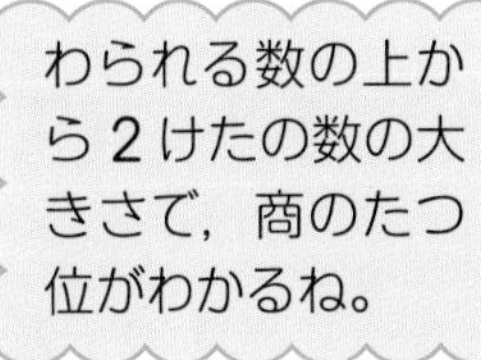

1 計算をしましょう。

❶ 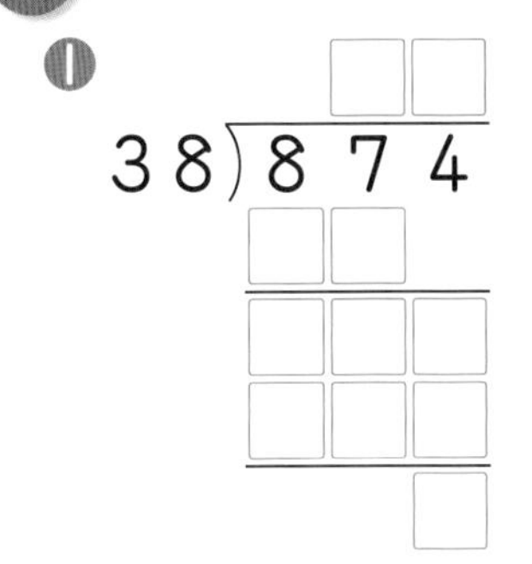

❷ 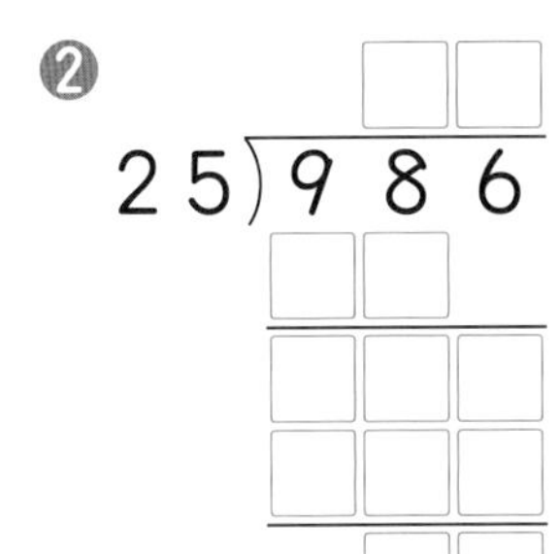

❸ 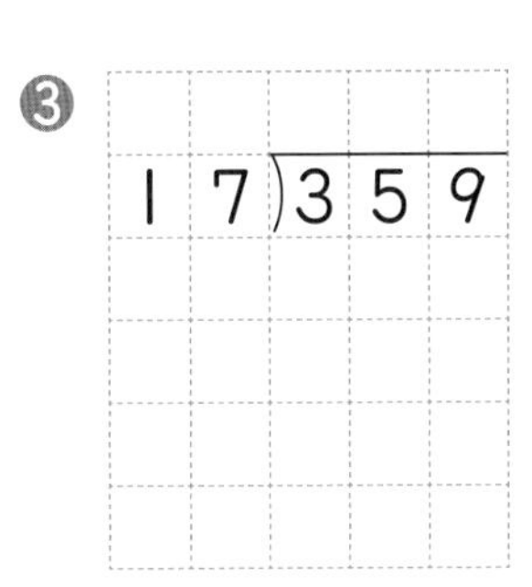

❹ 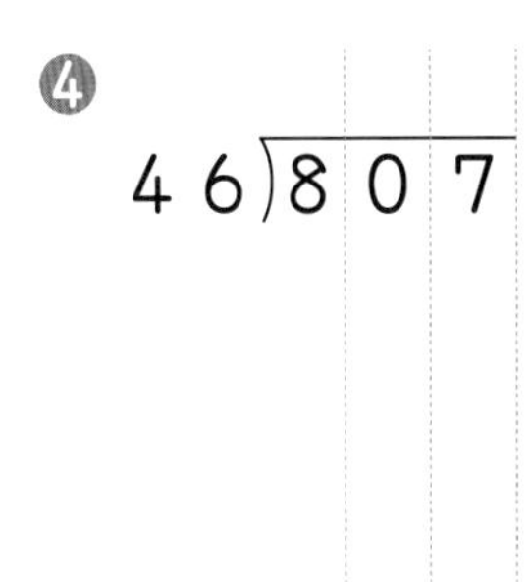

2 計算をしましょう。

❶ 46)552　❷ 19)703　❸ 53)869　❹ 36)978

❺ 34)972　❻ 29)434　❼ 14)802　❽ 28)640

ポイント　(3けた)÷(2けた)の計算では，わられる数の上から2けたの数がわる数より大きいとき，商は十の位からたちます。

③ 商に0がたつわり算

きほんのワーク

やってみよう

☆652÷32 の計算をしましょう。

とき方　筆算で計算します。

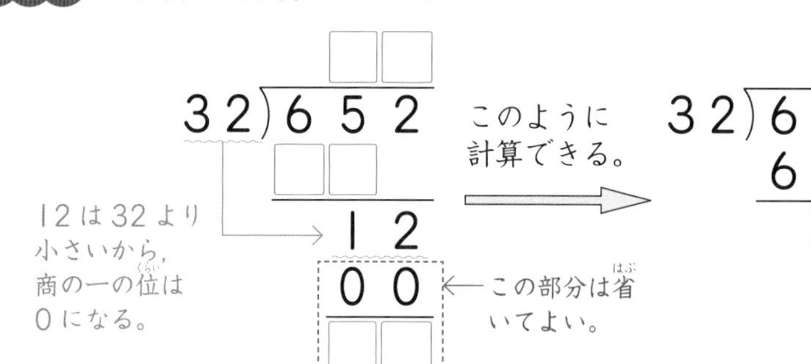

たいせつ
商に0がたつときは，その部分の計算を書かずに省くことができます。

答え

1 □にあてはまる数を書きましょう。

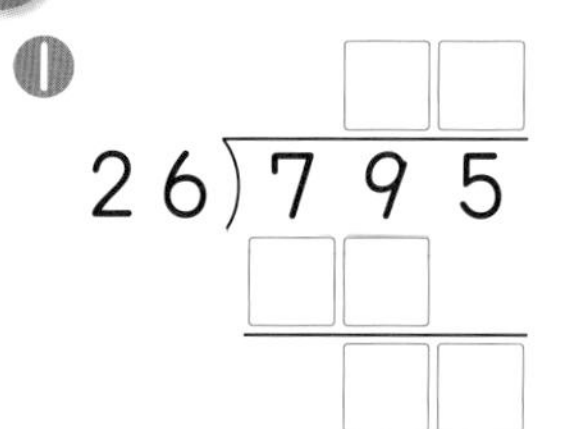

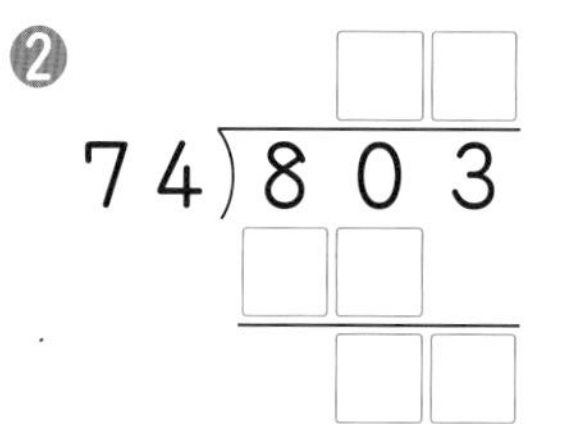

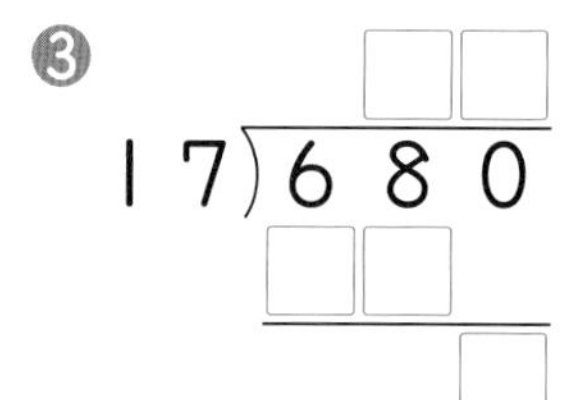

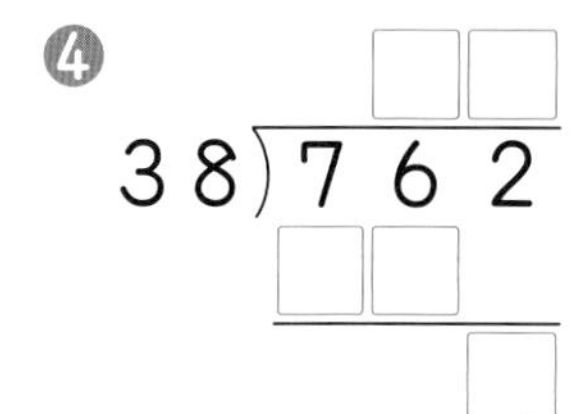

2 計算をしましょう。

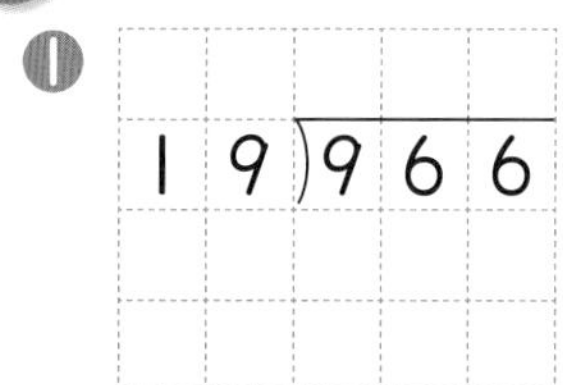

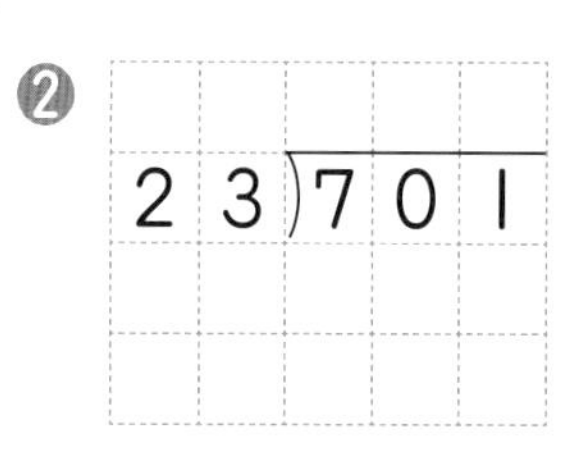

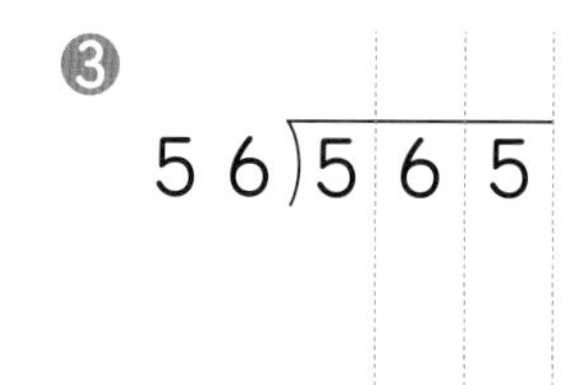

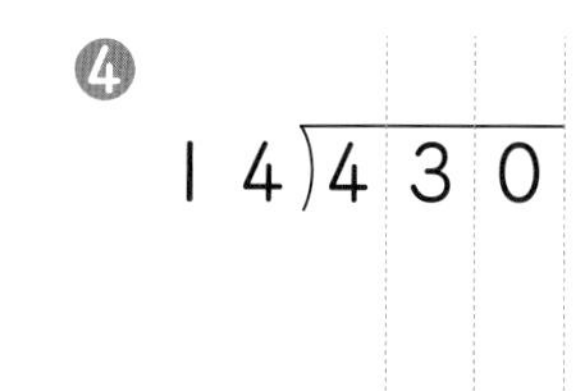

3 計算をしましょう。

❶ 28)864　❷ 47)947　❸ 23)938　❹ 68)717

❺ 39)809　❻ 24)720　❼ 16)970　❽ 29)600

ポイント　商に0がたつわり算では，たてた0を書くのをわすれないようにします。

まとめのテスト

答え 7ページ

1 よく出る 計算をしましょう。 1つ5〔40点〕

❶ $76\overline{)613}$　❷ $32\overline{)205}$　❸ $94\overline{)340}$　❹ $85\overline{)624}$

❺ $29\overline{)145}$　❻ $83\overline{)581}$　❼ $26\overline{)111}$　❽ $54\overline{)400}$

2 計算をしましょう。 1つ5〔60点〕

❶ $35\overline{)875}$　❷ $12\overline{)898}$　❸ $42\overline{)548}$　❹ $62\overline{)894}$

❺ $34\overline{)700}$　❻ $27\overline{)930}$　❼ $24\overline{)976}$　❽ $41\overline{)790}$

❾ $57\overline{)912}$　❿ $46\overline{)902}$　⓫ $18\overline{)522}$　⓬ $78\overline{)840}$

チェック
□（3けた）÷（2けた）の計算ができたかな？
□商に0がたつわり算ができたかな？

勉強した日 月 日

① (4けた)÷(2けた)の計算(1)

きほんのワーク

答え 8ページ

やってみよう

☆3590÷23 の計算をしましょう。

とき方 筆算で計算します。

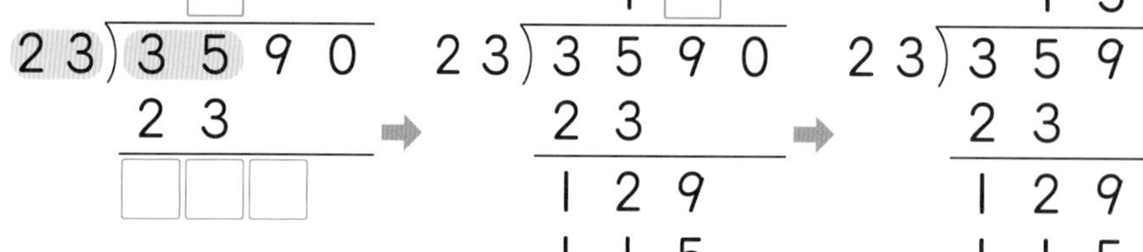

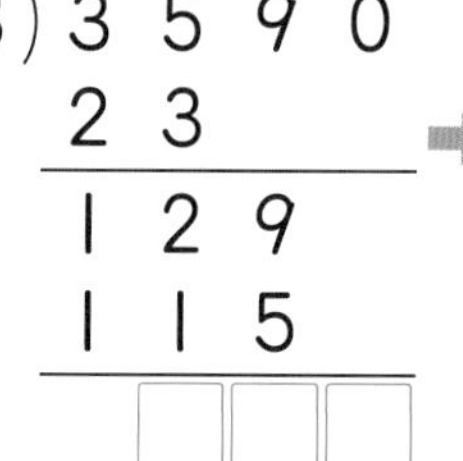

35は23より大きいから，商は百の位からたつ。

答え

たいせつ
わられる数のけた数が大きくても，これまでと同じように計算します。

1 計算をしましょう。

❶ 18)4302　❷ 64)8651　❸ 26)6734　❹ 61)7569

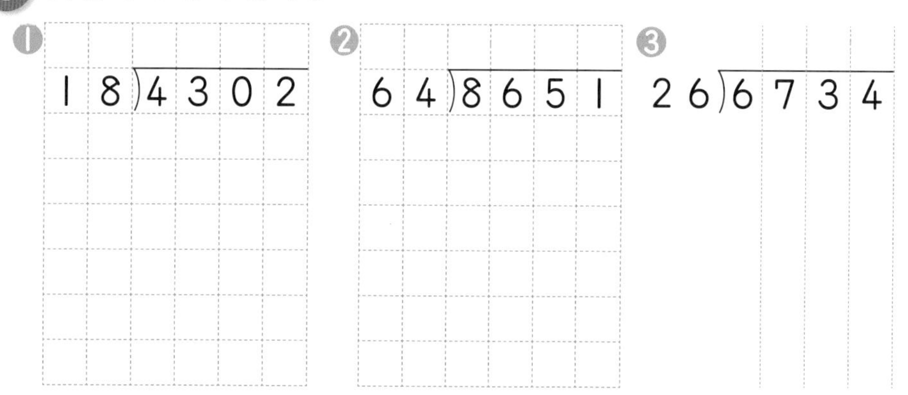

2 計算をしましょう。

❶ 48)6144　❷ 19)8037　❸ 37)7881　❹ 16)6192

❺ 35)6108　❻ 73)8550　❼ 29)9329　❽ 58)8413

ポイント
(4けた)÷(2けた)の計算では，わられる数の上から2けたの数がわる数より大きいとき，商は百の位からたちます。

② (4けた)÷(2けた)の計算(2)

きほんのワーク

答え 8ページ

やってみよう

☆計算をしましょう。 ❶ 3196÷47 ❷ 3354÷32

とき方 筆算で計算します。

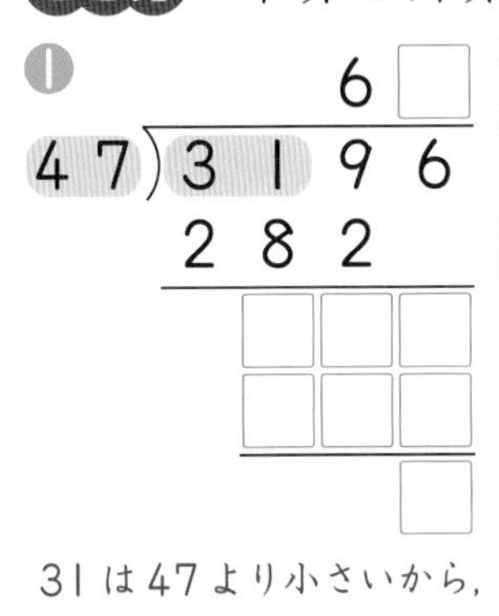

❶ 31は47より小さいから，商は十の位からたつ。

❷ 15は32より小さいから，商の十の位には0をたてる。

ちゅうい 計算のとちゅうで，わられる数がわる数より小さくなったときは，商に0をたてます。

答え ❶ ❷

1 計算をしましょう。

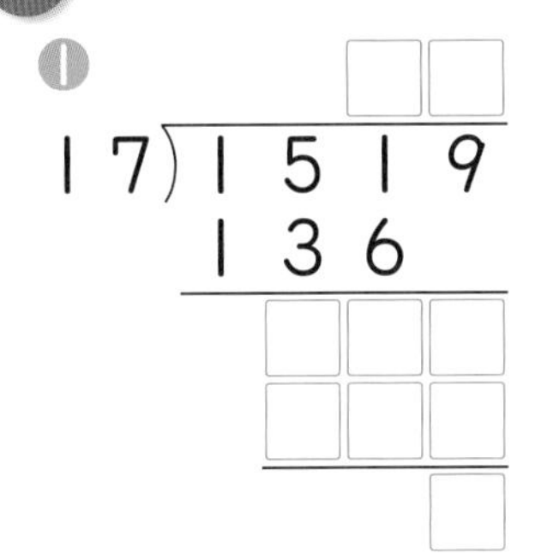

❶ 17)1519

❷ 52)4196

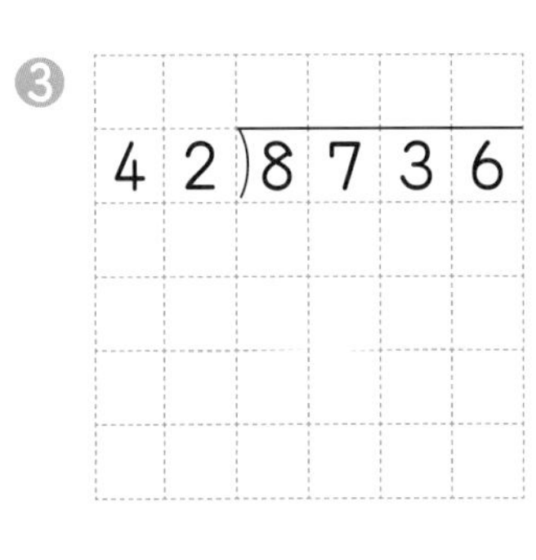

❸ 42)8736

2 計算をしましょう。

❶ 24)1776　❷ 45)3105　❸ 76)2634　❹ 63)5000

❺ 19)5814　❻ 57)6175　❼ 34)2409　❽ 48)6240

ポイント 商に0がたつわり算では，たてた0を書く位置(いち)や0の書きわすれに気をつけます。

勉強した日　月　日

③ (4けた)÷(3けた)の計算

きほんのワーク

答え 8ページ

やってみよう

☆計算をしましょう。 ❶ 1200÷400 ❷ 2500÷300

とき方 わり算のせいしつを使って，くふうして計算します。

❶ 400)1200

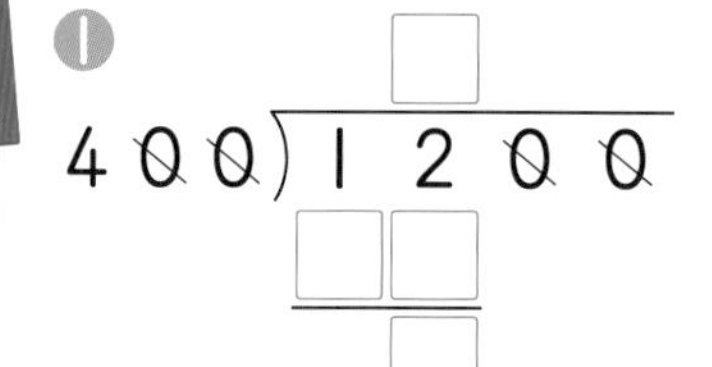

100をもとにして考えます。

1200÷400
÷100↓ ↓÷100
12 ÷ 4

❷ 300)2500

00

あまりの1は，100が1こあることを表しています。

ちゅうい
終わりに0のある数のわり算は，わる数の0とわられる数の0を，同じ数だけ消してから計算することができます。ただし，あまりの出し方には注意が必要です。

答え ❶　 ❷

1 計算をしましょう。

❶ 300)1800
❷ 500)2000
❸ 800)7200
❹ 600)8000
❺ 200)3700
❻ 400)51000

2 計算をしましょう。

❶ 306)7344
❷ 124)1116

わる数が3けたのときは，わる数とわられる数の上から3けたの数の大きさをくらべて，商が何の位からたつかを考え，商の見当をつけて計算しよう。

3 計算をしましょう。

❶ 412)9503
❷ 153)6215
❸ 712)3200

ポイント わり算では，わられる数とわる数に同じ数をかけても，わられる数とわる数を同じ数でわっても，商は変わらないことを使うと計算しやすくなります。

答え 8ページ

時間 20分

とく点 /100点

1 計算をしましょう。 1つ8〔40点〕

❶ $700\overline{)5600}$

❷ $300\overline{)5100}$

❸ $600\overline{)9200}$

❹ $500\overline{)60000}$

❺ $900\overline{)35000}$

2 計算をしましょう。 1つ5〔45点〕

❶ $74\overline{)5974}$

❷ $76\overline{)2671}$

❸ $43\overline{)2671}$

❹ $17\overline{)6865}$

❺ $37\overline{)1702}$

❻ $12\overline{)4688}$

❼ $28\overline{)3472}$

❽ $29\overline{)8600}$

❾ $35\overline{)5987}$

3 計算をしましょう。 1つ5〔15点〕

❶ $321\overline{)2086}$

❷ $148\overline{)5414}$

❸ $203\overline{)9947}$

チェック
□ わり算のきまりを使って，くふうして計算ができたかな？
□ (4けた)÷(2けた・3けた)の計算ができたかな？

勉強した日　月　日

①（　）を使った式
きほんのワーク

答え 9ページ

やってみよう

☆30−(12+8)の計算をしましょう。

とき方　（　）のある式は，（　）の中をひとまとまりとみて，12+8 を先に計算します。12+8=□

次に，30 から上の答えをひきます。30−□=□

30−(12+8)
①
②

たいせつ
（　）のある式では，（　）の中をひとまとまりとみて，先に計算します。

答え □

1 計算をしましょう。

❶ 40+(100−20)　❷ 455+(597−174)　❸ 80−(40+20)

❹ 1000−(400+50)　❺ 820−(230−80)　❻ 840−(440−300)

2 □にあてはまる数を書きましょう。

❶ (36+18)×4=□×4=□

❷ 60÷(15−3)=60÷□=□

❸ 48÷(4×2)=48÷□=□

❸のようなかけ算やわり算と，（　）がまじった式でも，（　）の中を先に計算しよう。

3 計算をしましょう。

❶ 45×(23+27)　❷ (170+90)÷5　❸ 56×(82−75)

❹ 900÷(25+50)　❺ (980−130)×6　❻ (884−286)÷26

❼ 25×(50÷2)　❽ 480÷(15×4)　❾ 528÷(132÷2)

ポイント　（　）がある式では，（　）の中を先に計算します。

② 計算のじゅんじょ (1)

きほんのワーク

答え 9ページ

やってみよう

☆27×4+54÷6 の計算をしましょう。

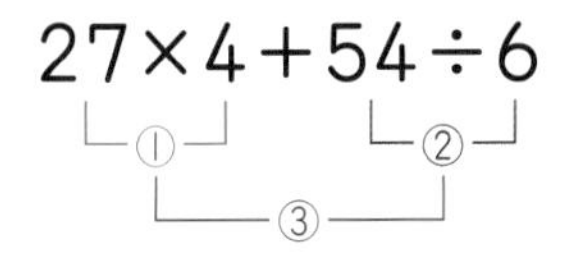

とき方 たし算，ひき算，かけ算，わり算のまじった式では，かけ算やわり算を先に計算します。

まず，かけ算をします。27×4=□

次に，わり算をします。54÷6=□

最後(さいご)に，たし算をします。108+9=□

答え □

たいせつ
+，−，×，÷のまじった式では，かけ算やわり算はひとまとまりの数とみて，先に計算します。

1 □にあてはまる数を書きましょう。

❶ 40+15×6=40+□=□

❷ 28×3−6×2=□−□=□

❸ 42÷6×3=□×□=□

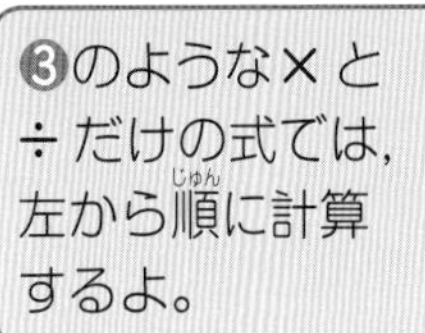

2 計算をしましょう。

❶ 26+14×5　❷ 120−90÷3　❸ 400−115×2

❹ 78+372÷6　❺ 800−320÷8　❻ 225+43×18

❼ 81÷9×21　❽ 13×68÷17　❾ 624÷52×50

3 計算をしましょう。

❶ 96÷8+12×5　❷ 62×3−72÷6　❸ 37×4−9×7

❹ 160÷4−25÷5　❺ 81÷9×4÷2　❻ 270÷3÷3×4

ポイント 計算のじゅんじょをまちがえないように，式をよく見て計算します。

勉強した日 月 日

③ 計算のじゅんじょ (2)

きほんのワーク

やってみよう

☆27−14÷(5+2)の計算をしましょう。

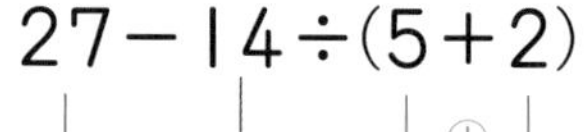

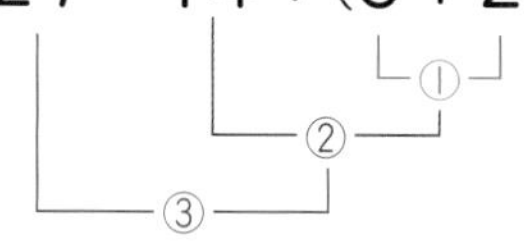

とき方 計算のじゅんじょに気をつけて計算します。

まず，( )の中を計算します。5+2=□

次に，わり算をします。

14÷□=□

最後(さいご)に，ひき算をします。

27−□=□

答え □

計算のじゅんじょ

・ふつうは，左から順(じゅん)に計算する。

・( )のある式は，( )の中を先に計算する。

・×や÷は，＋や−より先に計算する。

1 □にあてはまる数を書きましょう。

❶ 6×(33−16)+12

=6×□+12=□+12=□

❷ 31−(9+8÷2)

=31−(9+□)=31−□=□

( )の中に＋，−，×，÷がまじっているときは，×，÷を先に計算するよ。

2 計算をしましょう。

❶ 5×6+18÷2　❷ 5×(6+18)÷2　❸ 5×(6+18÷2)

3 計算をしましょう。

❶ (14+28)÷7−3　❷ 8+(41−21)×2　❸ 2×(54−26)−17

❹ 91−84÷(16−4)　❺ 600÷(15−7)×4　❻ 56−(40÷8+21)

❼ 81−(24×5−78)　❽ 94−(70−42÷14)　❾ 720÷(36−6×2)

ポイント 式の中に( )や×，÷があるかを見て，正しいじゅんじょで計算します。

④ 計算のきまりとくふう (1)

きほんのワーク

答え 9ページ

やってみよう

☆くふうして計算をしましょう。 ❶ 46＋37＋63 ❷ 34×4×25

とき方 たし算とかけ算は，計算するじゅんじょをかえても答えは変わらないので，3つの数のたし算やかけ算だけの式では，10や100などのまとまりがつくれる部分を先に計算します。

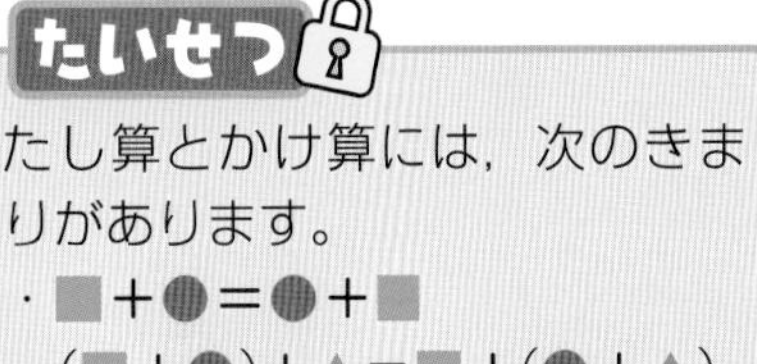

たいせつ
たし算とかけ算には，次のきまりがあります。
・■＋●＝●＋■
・(■＋●)＋▲＝■＋(●＋▲)

・■×●＝●×■
・(■×●)×▲＝■×(●×▲)

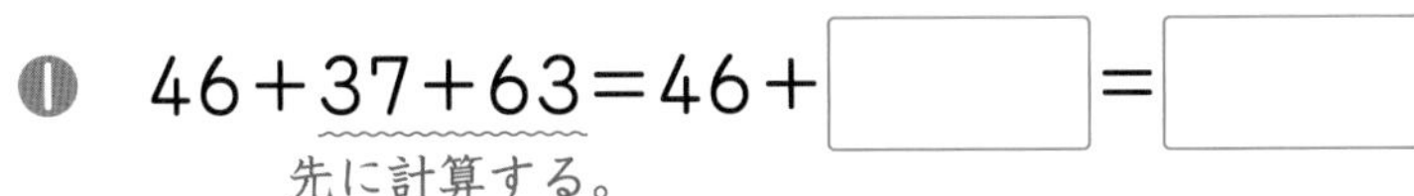

❶ 46＋37＋63＝46＋□＝□
先に計算する。

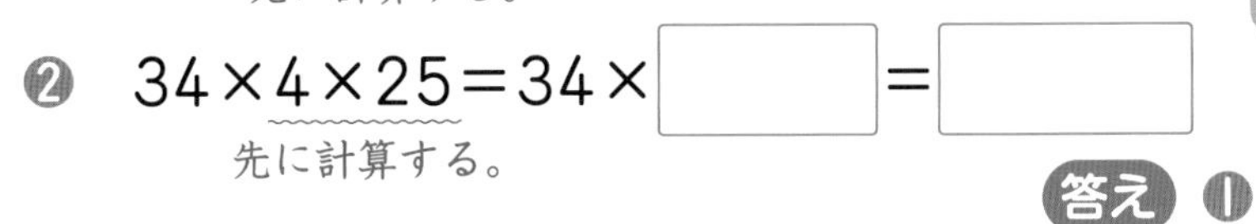

❷ 34×4×25＝34×□＝□
先に計算する。

答え ❶ □ ❷ □

1 □にあてはまる数を書きましょう。

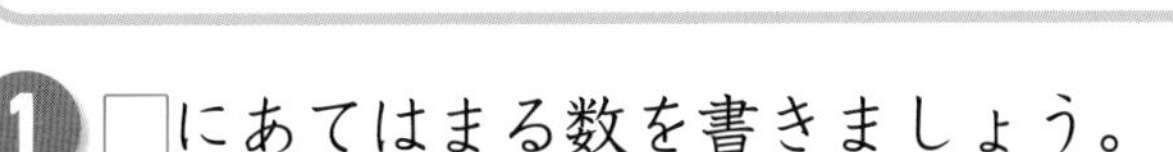

❶ 23＋54＋26＝23＋□＝□

❷ 4×39×15＝4×15×39＝□×39＝□

2 くふうして計算しましょう。

❶ 37＋8＋92　❷ 47＋6＋34　❸ 77＋25＋75

❹ 82＋79＋8　❺ 65＋89＋35　❻ 59＋45＋41

❼ 67×2×5　❽ 18×5×20　❾ 86×25×4

❿ 19×15×2　⓫ 2×57×25

⓬ 50×73×2　⓭ 25×32

ポイント 3つの数のたし算，かけ算だけの式では，かん単にできる部分を先に計算します。かけ算では，2×5＝10や25×4＝100の利用を考えます。

⑤ 計算のきまりとくふう (2)

きほんのワーク

答え 9ページ

やってみよう

☆計算をしましょう。 ❶ 98×16 ❷ 360÷15

とき方 ❶ 98を100との差(さ)の形にかえると，
(■−●)×▲=■×▲−●×▲のきまりを使って，計算できます。

98×16=(100−□)×16
（98を100−2と考える。）
=100×□−□×16
=□−□=□

❷ わられる数の360を300と60に分けると，
(■+●)÷▲=■÷▲+●÷▲のきまりを使って，計算できます。

360÷15=(300+60)÷15=300÷□+60÷□
=□+□=□

答え ❶ □ ❷ □

たいせつ
( )を使った式の計算のきまりには，次のようなものがあります。
・(■+●)×▲
=■×▲+●×▲
・(■−●)×▲
=■×▲−●×▲
・(■+●)÷▲
=■÷▲+●÷▲

1 □にあてはまる数を書きましょう。

❶ 103×15=(□+3)×15
=□×15+3×15
=□+45=□

❷ 575÷25=(500+75)÷□
=500÷□+75÷□=□+□=□

2 くふうして計算しましょう。

❶ 97×8　　❷ 104×25

❸ 18×96　　❹ 6×998

ポイント 計算のきまりを使って，かん単(たん)に計算できる方法(ほうほう)を考えます。

まとめのテスト

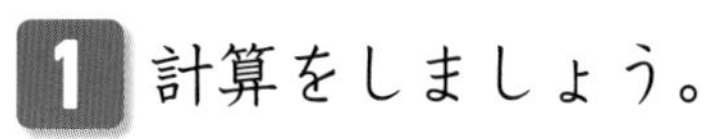

1 計算をしましょう。 1つ3〔36点〕

❶ $71-(38+15)$　❷ $200+(170-35)$　❸ $138-(102-44)$

❹ $(27+3)\times50$　❺ $240\div(15-7)$　❻ $39\times(64-46)$

❼ $156-28\times3$　❽ $45+24\times4$　❾ $120-100\div4$

❿ $810\div(18\times15)$　⓫ $675\div45\div15$　⓬ $675\div(45\div15)$

2 計算をしましょう。 1つ4〔24点〕

❶ $6\times25+27\div3$　❷ $272\div4-60\div2$　❸ $310\div5\times4\div8$

❹ $12+(40-24)\times8$　❺ $594\div(27-9)-6$　❻ $169-(84-49\div7)$

3 くふうして計算しましょう。 1つ5〔40点〕

❶ $76+38+12$　❷ $29+35+271$　❸ $35\times5\times2$

❹ $8\times12\times125$　❺ 48×25　❻ 101×49

❼ 28×105　❽ 83×997

チェック

□ 正しいじゅんじょで計算ができたかな？
□ 計算のきまりを使って，くふうして計算ができたかな？

① 長方形や正方形の面積

きほんのワーク

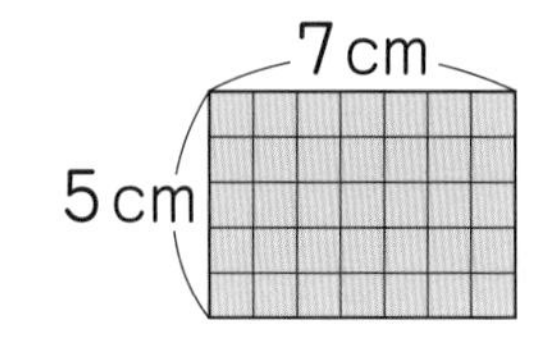

答え 9ページ

やってみよう

☆たてが5cm，横が7cmの長方形の面積を求めましょう。

とき方　面積は，1辺が1cmの正方形が何こ分あるかで表すことができます。長方形のたて，横にならぶ1cm²の正方形の数と辺の長さを表す数は同じだから，

長方形の面積は□×□で求めます。

□×□＝□
たて　横　面積

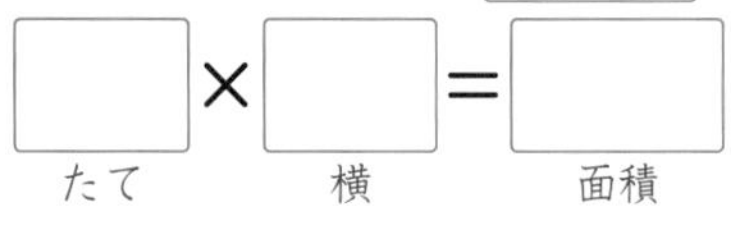

答え □cm²

たいせつ
長方形の面積＝たて×横
正方形の面積＝1辺×1辺

1 □にあてはまる数を書きましょう。

たてが60cm，横が1m50cmの長方形の面積は，

横が□cmだから，60×□＝□

より，□cm²です。

2 次の長方形や正方形の面積を求めましょう。

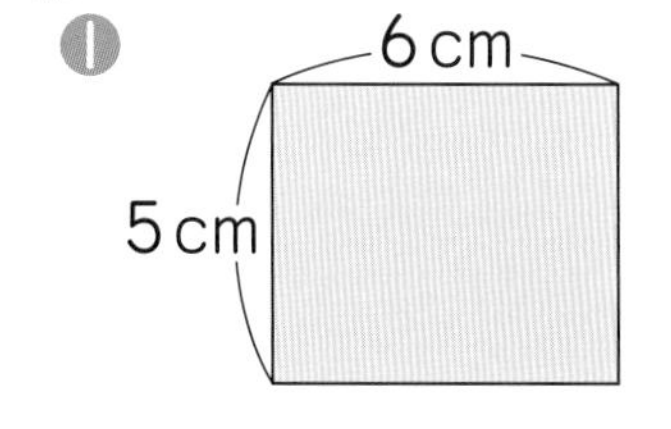

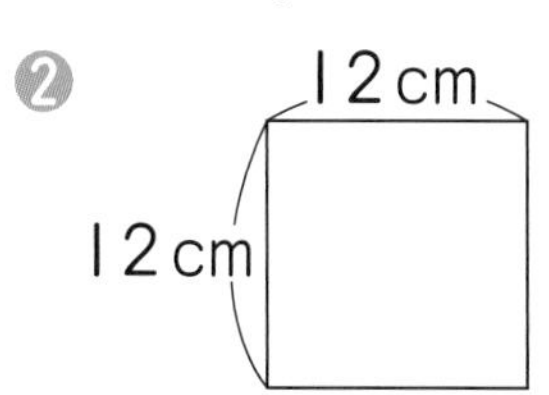

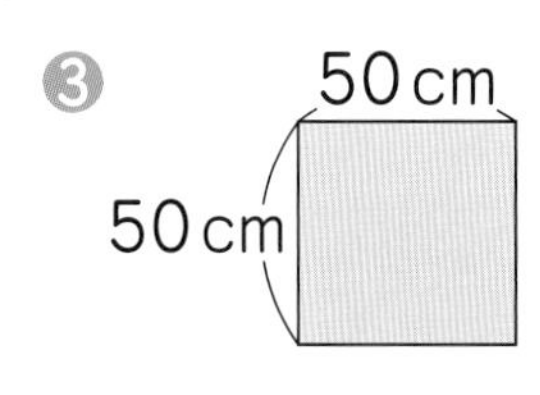

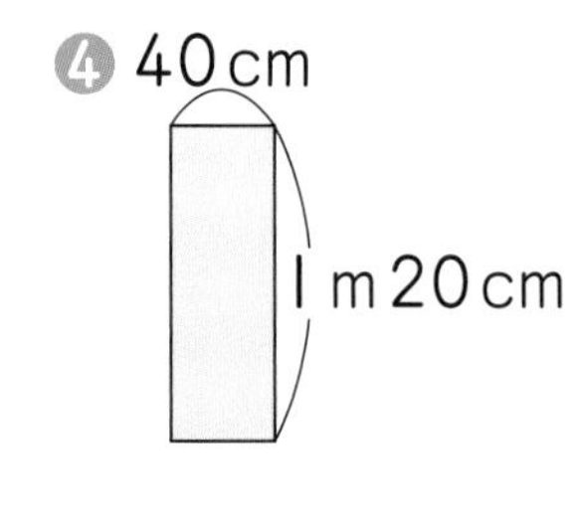

(　　　)　(　　　)　(　　　)　(　　　)

3 面積を求めましょう。

❶ たてが20cm，横が35cmの長方形　(　　　)

❷ 1辺が25cmの正方形　(　　　)

❸ たてが2m50cm，横が20cmの長方形　(　　　)

ポイント　面積を求めるとき，辺の長さの単位がちがう場合は，同じ単位にそろえてから計算します。

② 大きな面積の単位
きほんのワーク

答え 9ページ

やってみよう

☆ 1辺が20mの正方形の形をした土地の面積を求めましょう。

とき方 広いところの面積を表すには，1辺が1mの正方形の面積を単位にします。
正方形の面積は
□×□で求めます。

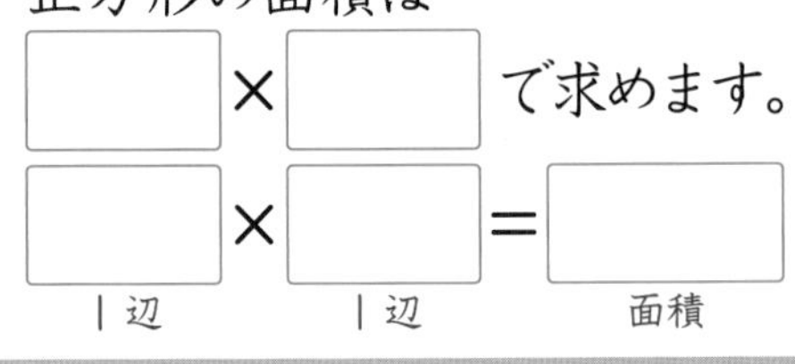

□×□=□
1辺　1辺　面積

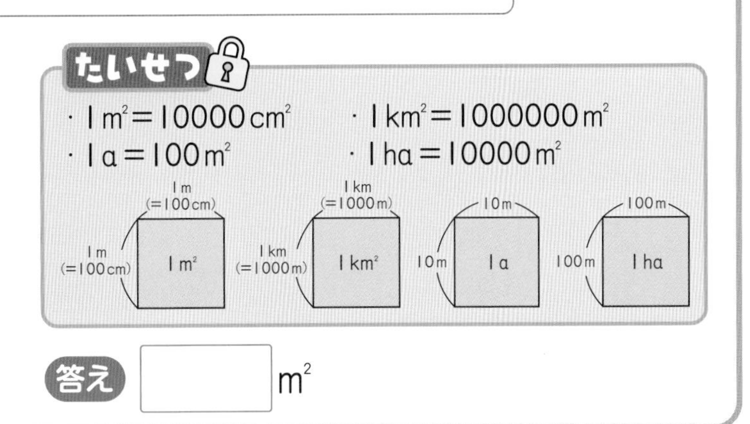

答え □ m^2

1 □にあてはまる数を書きましょう。

❶ たてが60m，横が90mの長方形の形をした土地の面積は，60×□より，□m^2です。1aは□m^2だから，□aとも表せます。

❷ 1辺が300mの正方形の形をした土地の面積は，300×□より，□m^2です。1haは□m^2だから，□haとも表せます。

2 次の問題に答えましょう。

❶ たてが6m，横が12mの長方形の形をした花だんの面積は何m^2ですか。

(　　　　)

❷ 1辺が4kmの正方形の形をした土地の面積は何km^2ですか。

(　　　　)

❸ たてが40m，横が70mの長方形の形をした土地の面積は何aですか。

(　　　　)

❹ 1辺が500mの正方形の形をした公園の面積は何haですか。

(　　　　)

❺ たてが800m，横が1250mの長方形の形をした畑の面積は何km^2ですか。

(　　　　)

ポイント　面積を求めるときは，どの単位で表すかに気をつけます。

勉強した日 月 日

③ いろいろな面積

きほんのワーク

答え 9ページ

やってみよう

☆色のついた部分の面積を求めましょう。

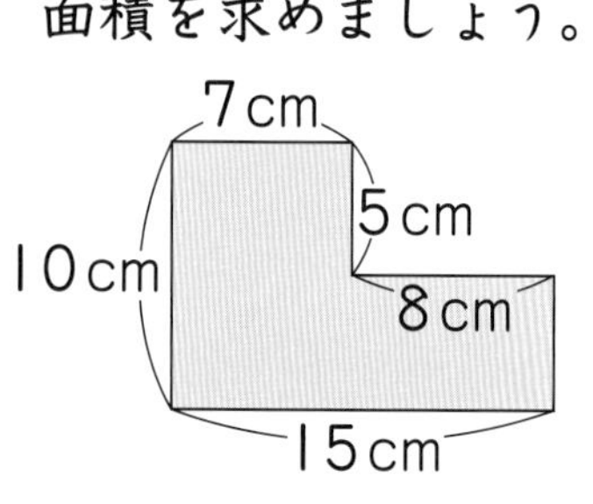

とき方 次の方法で考えていきます。

《1》2つに分けて求める。

10×□+(10−□)×8
=□+□
=□

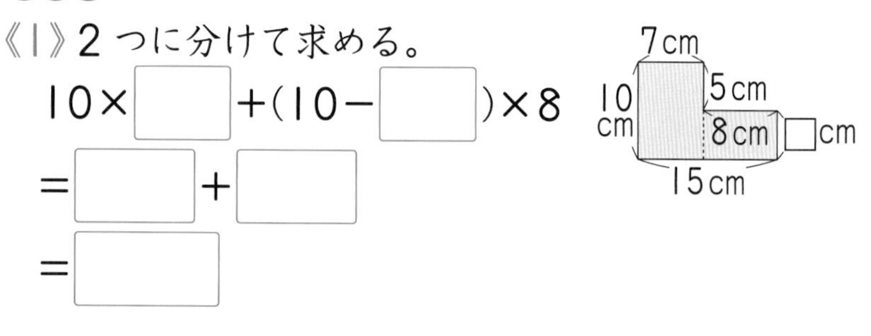

《2》(大きい長方形の面積)−(へこんでいる部分の面積)で求める。

10×15−□×□
=□−□=□

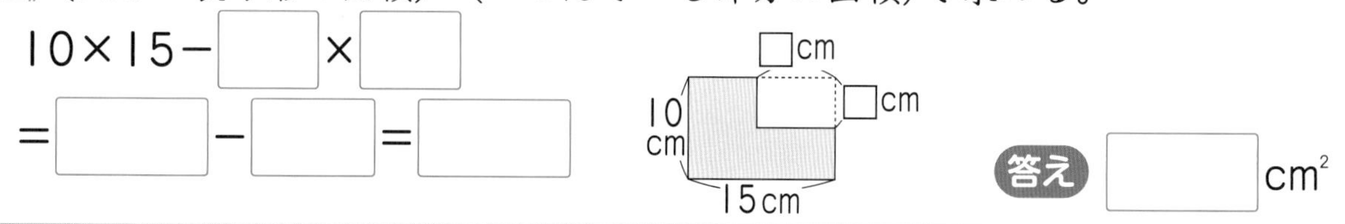

答え □cm^2

1 色のついた部分の面積を2通りの考え方で求めましょう。

《1》右のような2つの長方形に分ける。

〔式〕3×□+9×□=□

〔答え〕(　　　)

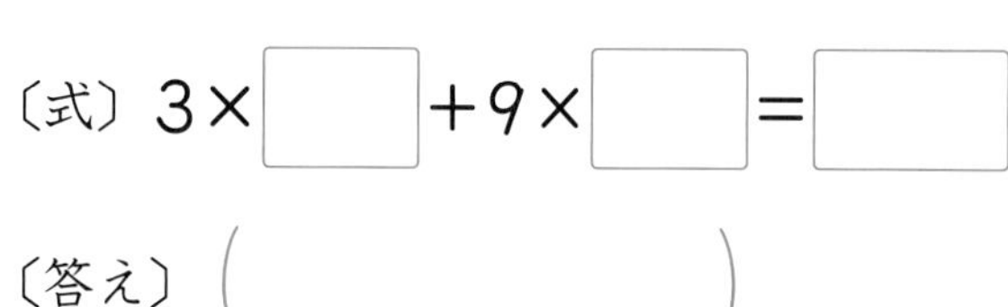

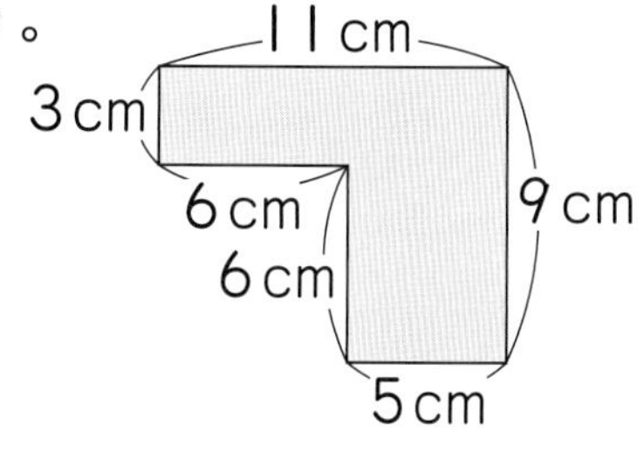

《2》大きい長方形の面積からへこんでいる部分の面積をひく。

〔式〕9×□−□×□=□

〔答え〕(　　　)

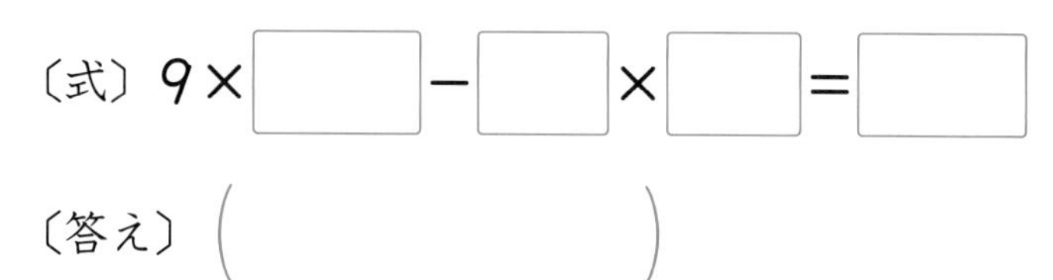

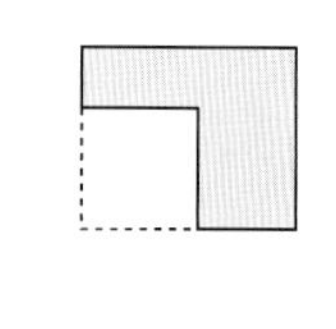

2 次の色のついた部分の面積を求めましょう。

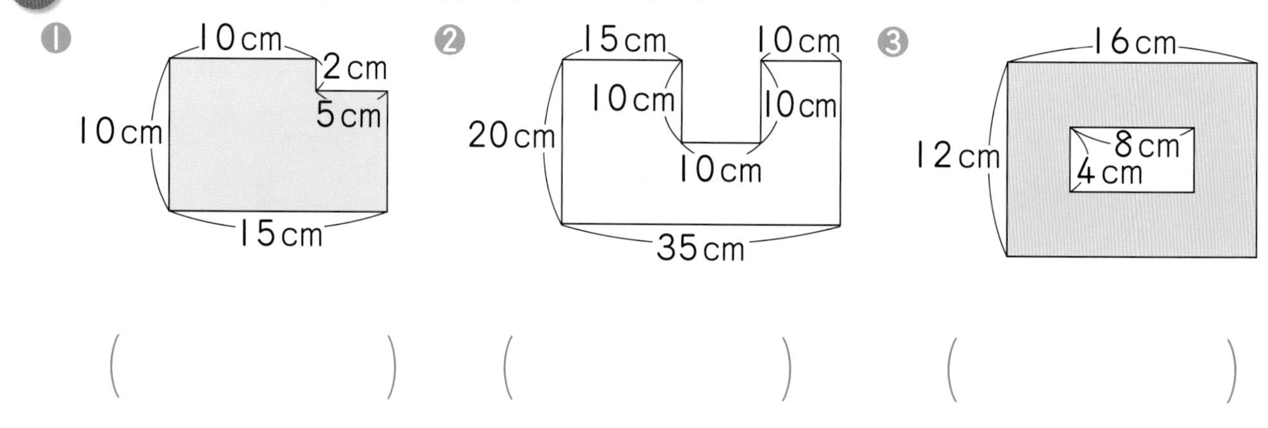

(　　　)　(　　　)　(　　　)

ポイント いろいろな形の面積は，分けたり，大きな形からへこんでいる部分をひいたりして求めます。

まとめのテスト

時間 20分

答え 10ページ

とく点 /100点

1 よく出る 次の長方形や正方形の面積を求めましょう。

1つ10〔30点〕

❶ 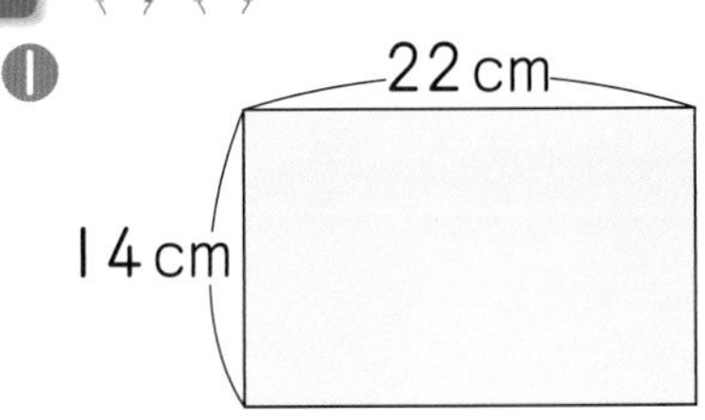

❷ 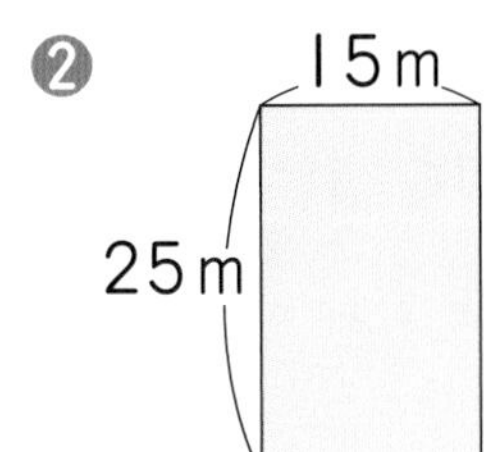

❸ 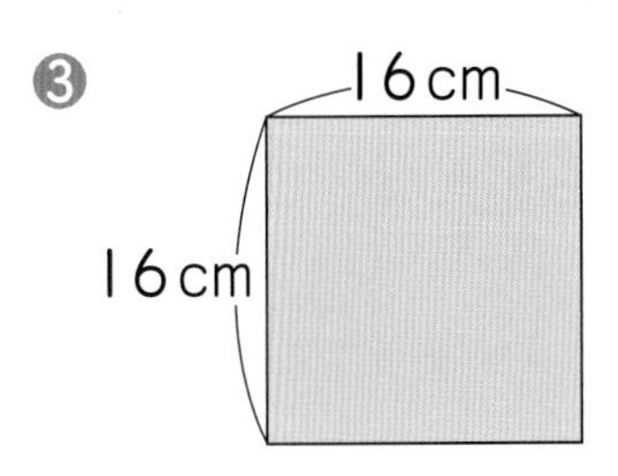

( ) ( ) ( )

2 よく出る 面積を，〔 〕の中の単位で求めましょう。

1つ5〔30点〕

❶ たてが 40cm，横が 2m 50cm の長方形の形をした板の面積〔cm^2，m^2〕

(，)

❷ たてが 7km，横が 16km の長方形の形をした町の面積〔km^2，m^2〕

(，)

❸ 1辺が 40m の正方形の形をした土地の面積〔m^2，a〕

(，)

3 面積が 20ha の長方形の形をした畑があります。たての長さが 400m のとき，横の長さは何mですか。

〔10点〕

( )

4 色のついた部分の面積を求めましょう。

1つ10〔30点〕

❶ 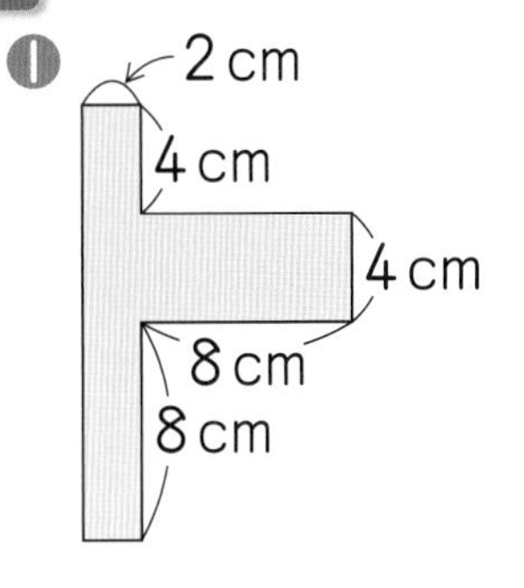

❷ 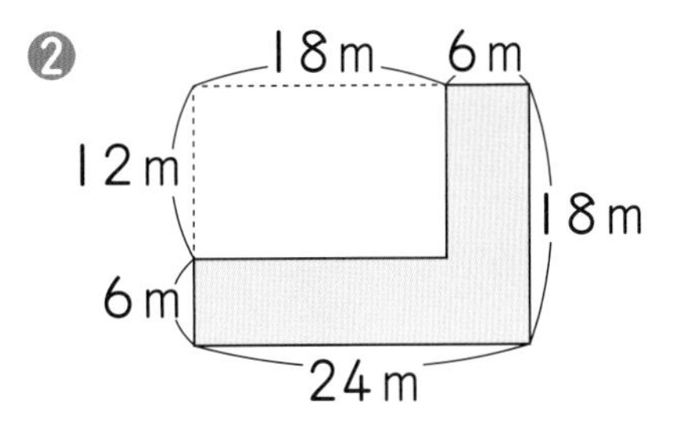

❸ 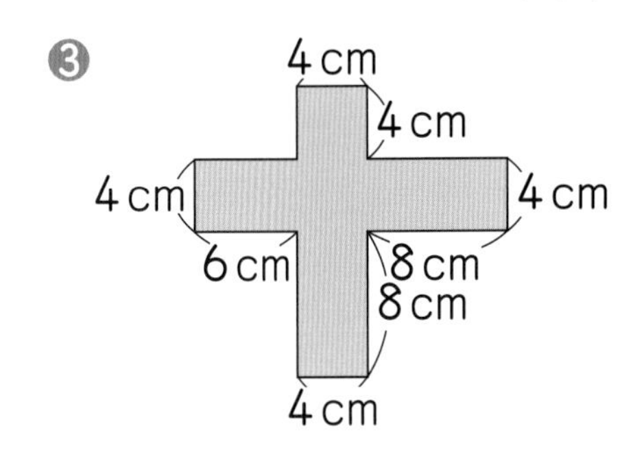

( ) ( ) ( )

チェック✓
□ 長方形や正方形の面積を，正しく求められたかな？
□ 面積をいろいろな単位で求められたかな？

勉強した日　月　日

① がい数の表し方（1）

きほんのワーク

答え 10ページ

やってみよう

☆4263 を四捨五入して，百の位までのがい数にしましょう。

とき方 百の位までのがい数にするには，１つ下の［　］の位の数字を四捨五入します。

4263 → ［　］

十の位の「6」は，切り上げるので，百の位の 2 は「3」になる。

答え ［　］

たいせつ

ある位までのがい数にするには，求める位の１つ下の位の数字が，
0，1，2，3，4 →切り捨て
5，6，7，8，9 →切り上げ
にします。
この方法を，**四捨五入**といいます。

1 四捨五入して，〔　〕の中の位までのがい数にしましょう。

❶ 473〔十〕（　　）

❷ 8479〔百〕（　　）

❸ 5368〔百〕（　　）

❹ 73492〔千〕（　　）

❺ 26158〔千〕（　　）

❻ 508292〔一万〕（　　）

❼ 395684〔一万〕（　　）

❽ 102938〔十万〕（　　）

❼
395684
↓
400000
千の位の「5」を切り上げると，一万の位の「9」も十万の位にくり上がるよ。

2〔　〕の中の位の数を四捨五入して，がい数にしましょう。

❶ 1735〔百〕（　　）

❷ 43825〔千〕（　　）

❸ 584726〔一万〕（　　）

❹ 2154190〔十万〕（　　）

ポイント 四捨五入すると，四捨五入した数字とそれより小さい位の数字はすべて 0 になります。

勉強した日　月　日

② がい数の表し方 (2)

きほんのワーク

答え 10ページ

やってみよう

☆7491 を四捨五入して，上から 2 けたのがい数にしましょう。

とき方 上から 2 けたのがい数にするには，上から [　　] けためのの数字を四捨五入します。

7 4 [9] 1 → [　　　]

上から 3 けためのの「9」は切り上げるので，上から 2 けためのの 4 は「5」になる。

答え [　　　]

たいせつ
上から 1 けたのがい数にするには上から 2 けためのの数字を，上から 2 けたのがい数にするには上から 3 けためのの数字を，それぞれ四捨五入します。

1 四捨五入して，上から 2 けたのがい数にしましょう。

❶ 384 (　　　)　❷ 2536 (　　　)

❸ 14528 (　　　)　❹ 97602 (　　　)

❺ 188550 (　　　)　❻ 520739 (　　　)

❼ 4312605 (　　　)　❽ 6097234 (　　　)

2 四捨五入して，上から 2 けたのがい数にしましょう。また，上から 1 けたのがい数にしましょう。

❶ 3674　上から 2 けた (　　　)　上から 1 けた (　　　)

❷ 73692　上から 2 けた (　　　)　上から 1 けた (　　　)

❸ 42183　上から 2 けた (　　　)　上から 1 けた (　　　)

❹ 145387　上から 2 けた (　　　)　上から 1 けた (　　　)

ポイント がい数で表すときには，「○の位までのがい数」か「上から○けたのがい数」かに注意します。

勉強した日　　月　　日

③ がい数のはんい
きほんのワーク

答え 10ページ

やってみよう

☆一の位で四捨五入して630になる整数のうち，いちばん小さい数といちばん大きい数はいくつですか。

とき方　下の数直線より，一の位を四捨五入して630になる整数のはんいは ☐ から ☐ までです。

620　625　630　635　640

630になるはんい

答え　いちばん小さい数 ☐
　　　いちばん大きい数 ☐

1 四捨五入して，千の位までのがい数にすると，6000になる整数のうち，いちばん小さい数といちばん大きい数はいくつですか。

いちばん小さい数（　　　）

いちばん大きい数（　　　）

2 四捨五入して，百の位までのがい数にすると，7500になる数を，㋐～㋔からすべて選び，記号で答えましょう。

㋐ 7449　㋑ 7450　㋒ 7549　㋓ 7550　㋔ 7409

（　　　）

3 一の位で四捨五入して190mになる長さのはんいを，以上・未満を使って表しましょう。

（　　　）

以上・以下・未満

185m以上…185mと等しいか，それより長い
195m以下…195mと等しいか，それより短い
195m未満…195mより短い（195mは入らない）
※小数の194.9mは，185m以上195m未満に入る。

4 四捨五入して，百の位までのがい数にすると，2100になる整数のはんいを，以上・以下を使って表しましょう。

（　　　）

ポイント　がい数のはんいは，以上・以下・未満を使って表すことができます。
○未満は，○より小さいことを表し，○は入りません。

④ 和・差の見積もり
きほんのワーク

答え 10ページ

やってみよう

☆四捨五入して百の位までのがい数にして，3849＋6372 の答えを見積もりましょう。

とき方 はじめに，それぞれの数を百の位までのがい数にしてから答えを見積もります。

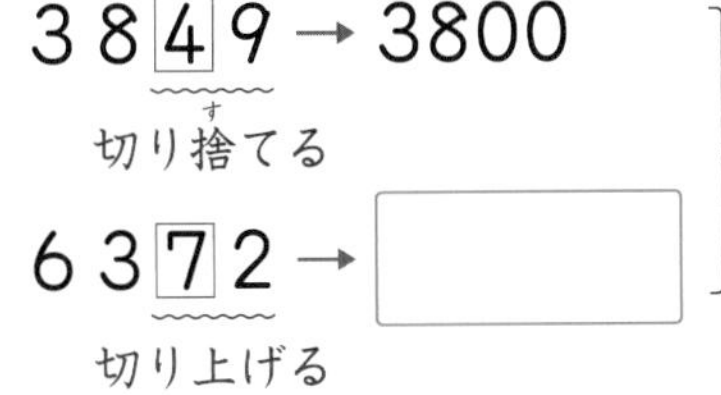

3800＋□

和や差をがい数で求めるには，それぞれの数を求める位までのがい数にしてから答えを見積もります。

1 四捨五入して百の位までのがい数にして，8253−2491 の答えを見積もります。□にあてはまる数を書きましょう。

はじめに，それぞれの数をがい数にするから，

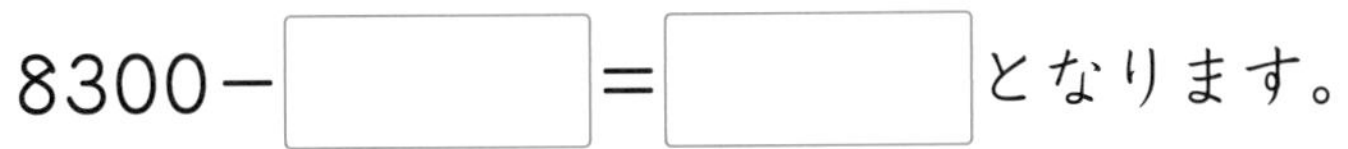

ひき算も同じように考えよう。
8253 → 8300（切り上げる）
2491 → 2500（切り上げる）
となるね。

2 四捨五入して〔　〕の中の位までのがい数にして，和や差を見積もりましょう。

❶ 732＋229〔十〕

❷ 6026＋8765〔百〕

❸ 9243＋3129〔千〕

❹ 36048＋49651〔一万〕

❺ 542−292〔十〕

❻ 7875−2957〔千〕

❼ 78042−26753〔千〕

❽ 5136248−4238602〔一万〕

3 四捨五入して千の位までのがい数にして，和や差を見積もりましょう。

❶ 17648＋19403

❷ 87456＋36881

❸ 40826−27256

❹ 943231−336822

ポイント 和や差を見積もるときは，それぞれの数を，求める位までのがい数にしてから計算します。

勉強した日　月　日

⑤ 積の見積もり

きほんのワーク

答え 10ページ

やってみよう

☆四捨五入して上から１けたのがい数にして，621×489 の答えを見積もりましょう。

とき方 かけられる数とかける数を，それぞれ四捨五入して上から１けたのがい数にしてから答えを見積もります。

6[2]1 → 600（切り捨てる）

4[8]9 → □（切り上げる）

600×□

答え □

1 四捨五入して上から１けたのがい数にして，7816×479 の答えを見積もりましょう。

〔式〕□×□＝□　　〔答え〕□

2 四捨五入して上から１けたのがい数にして，積を見積もりましょう。

❶ 328×65　　❷ 629×286

❸ 213×468　　❹ 193×821

❺ 6801×82　　❻ 569×4192

❼ 9268×5816　　❽ 1028×7792

❾ 49860×2184　　❿ 40825×68317

ポイント 上から１けたのがい数にするには，上から２けためのの数字を見て考えます。

⑥ 商の見積もり
きほんのワーク

答え 10ページ

やってみよう

☆四捨五入して上から１けたのがい数にして，78372÷21 の答えを見積もりましょう。

とき方 わられる数とわる数を，それぞれ四捨五入して上から１けたのがい数にしてから答えを見積もります。

7[8]372 → 80000
切り上げる

2[1] → ［　　］
切り捨てる

80000÷［　　］

答え ［　　］

1 四捨五入して上から１けたのがい数にして，50778÷206 の答えを見積もりましょう。

〔式〕［　　］÷［　　］＝［　　］　〔答え〕［　　］

2 四捨五入して上から１けたのがい数にして，商を見積もりましょう。

❶ 4452÷84　❷ 6468÷32

❸ 6984÷72　❹ 28458÷29

❺ 93645÷53　❻ 12096÷24

❼ 11017÷479　❽ 80525÷213

❾ 287997÷51　❿ 879060÷598

ポイント 上から１けたのがい数にしてから計算すると，かん単に積や商を見積もることができます。

勉強した日　月　日

まとめのテスト①

時間 20分

とく点　/100点

答え 10ページ

1 よく出る 四捨五入して，〔　〕の中の位までのがい数にしましょう。　1つ5〔30点〕

❶ 846〔十〕（　　　）　❷ 107〔百〕（　　　）

❸ 4793〔千〕（　　　）　❹ 30256〔千〕（　　　）

❺ 84618〔一万〕（　　　）　❻ 995702〔一万〕（　　　）

2 四捨五入して，百の位までのがい数にすると，500になる整数のうち，いちばん小さい数といちばん大きい数はいくつですか。　1つ5〔10点〕

いちばん小さい数（　　　）　いちばん大きい数（　　　）

3 四捨五入して〔　〕の中の位までのがい数にして，和や差を見積もりましょう。　1つ5〔40点〕

❶ 6372＋5248〔百〕　❷ 5046＋26531〔千〕

❸ 58458＋79932〔千〕　❹ 896517＋320942〔一万〕

❺ 8325－6679〔百〕　❻ 10824－3086〔千〕

❼ 75102－22957〔千〕　❽ 440503－296146〔一万〕

4 四捨五入して上から１けたのがい数にして，積や商を見積もりましょう。　1つ5〔20点〕

❶ 539×472　❷ 1108×7592

❸ 6025÷28　❹ 23651÷547

チェック
□がい数の表し方がわかったかな？
□がい数にして，計算の答えを見積もることができたかな？

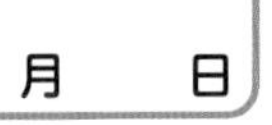

勉強した日　月　日

まとめのテスト❷

時間 20分　とく点 /100点

答え 10ページ

1 よく出る 四捨五入して，上から2けたのがい数にしましょう。 1つ5〔30点〕

❶ 572 (　　)　❷ 7481 (　　)

❸ 20396 (　　)　❹ 83540 (　　)

❺ 549176 (　　)　❻ 460738 (　　)

2 四捨五入して〔　〕の中の位までのがい数にして，和や差を見積もりましょう。 1つ5〔20点〕

❶ 149＋371＋808〔十〕　❷ 696＋1473＋542〔百〕

❸ 912－126－463〔百〕　❹ 10000－2039－3364〔千〕

3 四捨五入して，千の位までのがい数にすると，81000になる整数のはんいを，以上・以下を使って表しましょう。 〔10点〕

(　　)

4 四捨五入して上から1けたのがい数にして，積や商を見積もりましょう。 1つ5〔40点〕

❶ 266×116　❷ 6275×479

❸ 6843×9257　❹ 39154×81908

❺ 3952÷16　❻ 85024÷32

❼ 12518÷238　❽ 408828÷491

チェック✓

□がい数のはんいを正しく表すことができたかな？

□上から1けたのがい数にして，積や商を見積もることができたかな？

まとめのテスト①

時間 20分

とく点 /100点

答え 10ページ

1 ❶は読み方を漢字で，❷は数字で書きましょう。 1つ4〔8点〕

❶ 11101110110

（　　　　）

❷ 六千五百八十兆五千五億七十六万二千

（　　　　）

2 計算をしましょう。 1つ5〔60点〕

❶ 280×130　❷ 224×781　❸ 758×108

❹ 708×403　❺ 180÷9　❻ 52÷4

❼ 320÷40　❽ 203÷7　❾ 392÷14

❿ 632÷158　⓫ 4900÷700　⓬ 7200÷600

3 四捨五入して，〔　〕の中の位までのがい数にしましょう。 1つ4〔8点〕

❶ 299789〔一万〕

（　　　　）

❷ 9500001〔十万〕

（　　　　）

4 計算をしましょう。 1つ4〔24点〕

❶ (120＋80)×4　❷ 120＋80×4

❸ 28×3−39÷3　❹ 672÷(17−9)

❺ (7×5−3)÷4　❻ 43−12＋5×3

チェック

□大きい数のかけ算・わり算ができたかな？
□正しいじゅんじょで計算ができたかな？

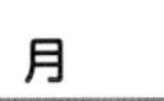

まとめのテスト②

時間20分

とく点　/100点

答え 11ページ

1 次の数を数字で書きましょう。　1つ5〔10点〕

❶ 1億を5098こ，10万を28こあわせた数

（　　　　）

❷ 208兆を10でわった数

（　　　　）

2 25×17=425を使って，次の積を求めましょう。　1つ5〔10点〕

❶ 250×170　　❷ 25万×17

3 商は整数で求め，あまりもだしましょう。　1つ5〔30点〕

❶ 370÷60　　❷ 80÷19　　❸ 250÷35

❹ 857÷21　　❺ 8600÷36　　❻ 4810÷49

4 四捨五入して一万の位までのがい数にして，和や差を見積もりましょう。　1つ5〔10点〕

❶ 661908+247098　　❷ 2806887−107304

5 四捨五入して上から1けたのがい数にして，積や商を見積もりましょう。　1つ5〔10点〕

❶ 47007×329　　❷ 370832÷7523

6 くふうして計算しましょう。　1つ5〔10点〕

❶ 28+44+72+56　　❷ 102×34

7 □にあてはまる数を求めましょう。　1つ5〔20点〕

❶ □+19=52　　❷ □−22=82

❸ □×7=98　　❹ □÷8=40

□2けたの数でわるわり算で，あまりのあるわり算ができたかな？
□がい数にして，計算の答えを見積もることができたかな？

勉強した日　　月　　日

① (小数)×(整数)の計算(1)

きほんのワーク

答え 11ページ

やってみよう

☆0.6×4 の計算をしましょう。

たいせつ
(小数)×(整数)の計算は，0.1 や 0.01 の何こ分かを考えて計算できます。

とき方 《1》0.6 は 0.1 の □ こ分と考えると，0.6×4 は，0.1 の(□×□)こ分と考えられます。0.1 の □ こ分だから，0.6×4= □ です。

《2》0.6×4 の積(せき)は，0.6 を 10 倍して 6×4 の計算をし，その積を □ でわれば求(もと)められます。

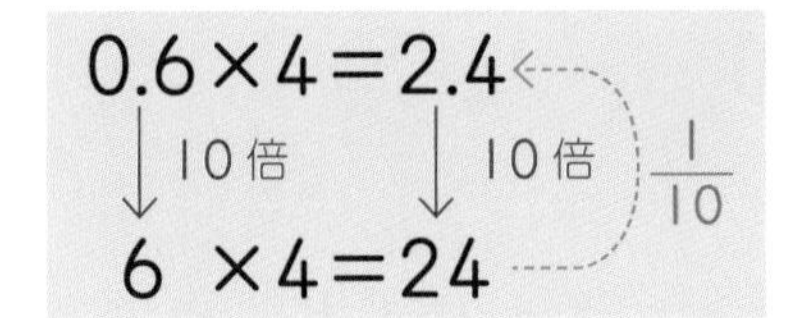

答え □

1 計算をしましょう。

❶ 0.2×2　❷ 0.8×6　❸ 0.5×9　❹ 0.7×2

❺ 0.4×3　❻ 0.3×8　❼ 0.7×5　❽ 0.9×4

❾ 0.6×5　❿ 0.5×4

❾の0.6×5は，0.1の(6×5)こ分，つまり，30 こ分だから，0.1 を 30 こ集めた数は…？

2 □にあてはまる数を書きましょう。

0.03×5 の計算は，0.03 は □ の □ こ分と考えて，□×5= □ より，0.01 の □ こ分だから，0.03×5= □ となります。

3 計算をしましょう。

❶ 0.03×3　❷ 0.04×7　❸ 0.09×6　❹ 0.07×8

❺ 0.02×9　❻ 0.05×2　❼ 0.08×5　❽ 0.06×10

ポイント 小数に整数をかける計算では，0.1 や 0.01 をもとにすると，(整数)×(整数)の計算ですることができます。

② (小数)×(整数)の計算 (2)

きほんのワーク

答え 11ページ

やってみよう

☆4.7×3 の計算をしましょう。

とき方 筆算で計算します。

4.7	→	4.7	→	4.7
× 3		× 3		× 3
		1□□		14□1

位をそろえるのではなく，右にそろえて 4.7 の 7 の下に 3 を書く。

整数のかけ算と同じように計算する。

かけられる数にそろえて，積の小数点をうつ。

たいせつ

(小数)×(整数)の計算は，小数点を考えないで，整数のかけ算と同じように計算し，最後に積の小数点をうちます。

答え □

1 □にあてはまる数を書きましょう。

❶ 8.3 × 6 = □9□8

❷ 22.7 × 4 = □0□8

❸ 16.5 × 8 = □□2□0̸

❸ 16.5 × 8 = 132.0̸ 小数点より右の終わりにある0は消しておくよ。

2 計算をしましょう。

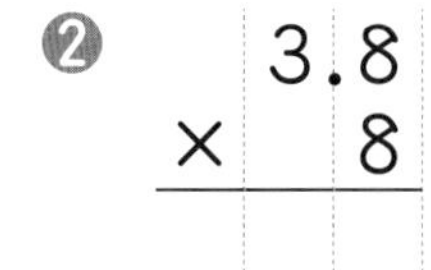
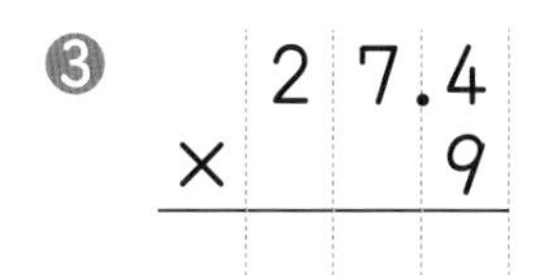

❶ 1.6 × 3

❷ 3.8 × 8

❸ 27.4 × 9

❹ 40.6 × 8

3 計算をしましょう。

❶ 3.7 × 6

❷ 5.2 × 7

❸ 7.5 × 4

❹ 9.6 × 3

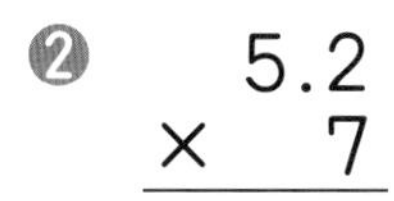

❺ 12.2 × 5

❻ 31.9 × 7

❼ 50.3 × 6

❽ 85.6 × 9

ポイント かけられる数にそろえて，積の小数点をうちます。

勉強した日　月　日

③ (小数)×(整数)の計算(3)

きほんのワーク

答え 11ページ

やってみよう

☆3.7×42 の計算をしましょう。

とき方　筆算で計算します。

```
    3.7            3.7
  × 4 2    →     × 4 2
    7 4            7 4
□□□              1 4 8
□□□4             1 5 5□4
```

たいせつ

かける数が2けたになっても，整数のかけ算と同じように計算し，かけられる数にそろえて，積(せき)の小数点をうちます。

答え

1 計算をしましょう。

❶
```
    6.5
  × 3 6
  3 9 0
□□□
□□□.0
```

❷
```
  7 0.8
×   1 2
□□□6
□□□
□□9□6
```

❸ 8.1×24

❹ 42.1×18

2 計算をしましょう。

❶ 0.8×64

❷ 0.5×72

❸ 5.4×25

❹ 7.4×58

❺ 1.5×13

❻ 4.3×36

❼ 19.2×36

❽ 42.6×53

❾ 85.4×78

❿ 90.8×25

⓫ 12.3×70

⓬ 60.5×40

ポイント　かけられる数やかける数のけた数が大きくなっても，小数点を考えないで，右にそろえて書いて整数のかけ算と同じように計算してから，積の小数点をうちます。

④ (小数)×(整数)の計算(4)

きほんのワーク

答え 11ページ

やってみよう

☆3.14×26 の計算をしましょう。

とき方 筆算で計算します。

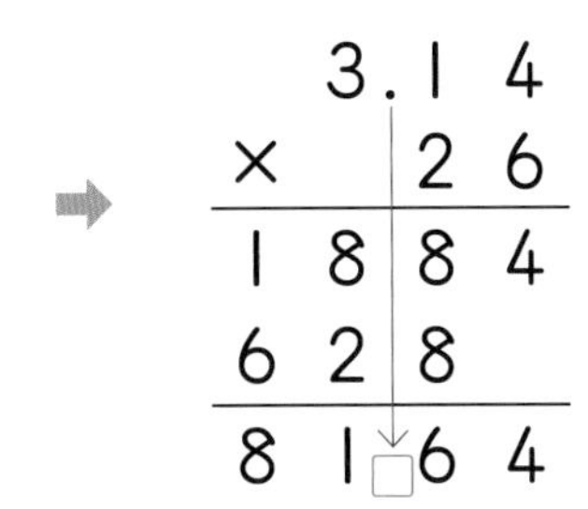

たいせつ

0.01 をもとにして，整数のかけ算と同じように計算し，かけられる数にそろえて，積の小数点をうちます。

答え

1 計算をしましょう。

❶ 4.62 × 4 = □8□4□

❷ 1.48 × 65
□□0
□□□
□6□20

❸ 0.23 × 8

❹ 7.02 × 29

2 計算をしましょう。

❶ 2.27 × 4

❷ 8.14 × 9

❸ 5.06 × 7

❹ 8.95 × 6

❺ 0.76 × 3

❻ 0.24 × 5

❼ 2.72 × 36

❽ 8.36 × 49

❾ 2.15 × 82

❿ 3.07 × 66

⓫ 0.57 × 93

⓬ 0.81 × 24

ポイント かけられる数にそろえて積の小数点をうち，小数点の右にある終わりの 0 は消します。

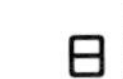

⑤ (小数)×(整数)の計算 (5)

きほんのワーク

答え 12ページ

やってみよう

☆9.38×312 の計算をしましょう。

とき方 筆算で計算します。

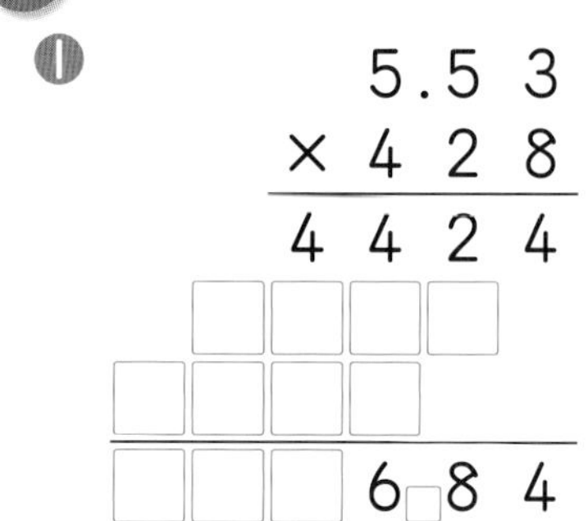

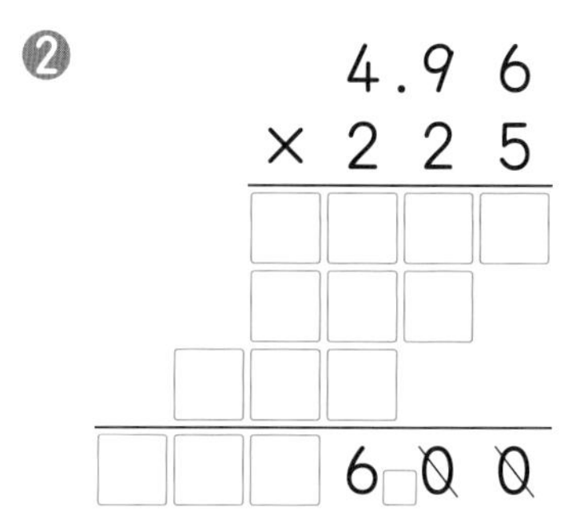

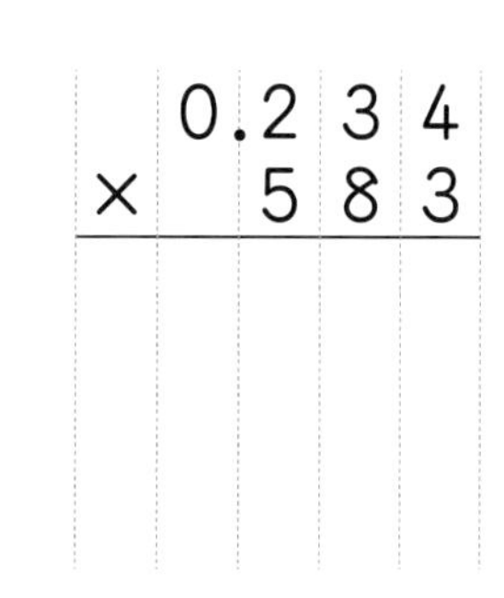

答え □

1 計算をしましょう。

❶ 5.53 × 428 = 4424 / □□□□ / □□□□ / □□□6□84

❷ 4.96 × 225 = □□□□ / □□□ / □□□ / □□□6□0̸0̸

❸ 0.234 × 583

2 計算をしましょう。

❶ 6.81 × 638

❷ 7.45 × 927

❸ 3.34 × 805

❹ 0.553 × 596

❺ 0.828 × 735

❻ 0.975 × 492

ポイント 小数点を考えないで，整数のかけ算と同じように計算するから，位(くらい)をそろえるのではなく，右にそろえて書くことに気をつけます。

⑥ 計算のくふう
きほんのワーク

答え 12ページ

やってみよう

☆くふうして計算しましょう。

❶ $7\times2.5\times4$　　❷ $1.4\times38+3.6\times38$

とき方 ❶ かけ算は計算のじゅんじょをかえても答えは変(か)わらないことを利(り)用します。

$7\times2.5\times4=7\times$ □ $=$ □

❷ ■×▲+●×▲=(■+●)×▲を利用します。

$1.4\times38+3.6\times38$

$=(1.4+3.6)\times$ □

$=5\times$ □ $=$ □

答え ❶ □　❷ □

たいせつ

整数のときに成(な)り立った計算のきまりは，小数のときにも成り立ちます。

・■+●=●+■
・■×●=●×■
・(■+●)+▲=■+(●+▲)
・(■×●)×▲=■×(●×▲)
・(■+●)×▲=■×▲+●×▲
・(■−●)×▲=■×▲−●×▲

1 □にあてはまる数を書きましょう。

❶ $5.6+7.9+2.1=5.6+$ □ $=$ □

❷ $13.5\times3-9.5\times3=(13.5-9.5)\times$ □

$=$ □ $\times$ □ $=$ □

❷は，
■×▲−●×▲
=(■−●)×▲
を利用しよう。

2 くふうして計算しましょう。

❶ $6.2+9.6+0.4$

❷ $14\times12.5\times8$

❸ 10.2×15

❹ 9.6×25

❺ $4.3\times6+15.7\times6$

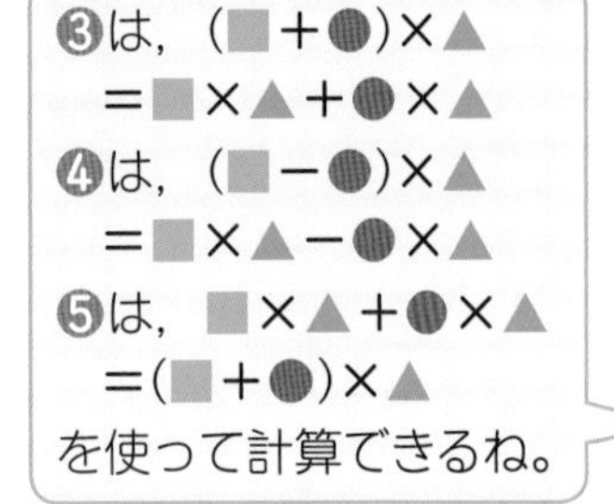

ポイント 整数の計算と同じように，小数でも計算のきまりを使ってくふうして計算することができます。

勉強した日　月　日

まとめのテスト①

時間 20分　とく点 /100点

答え 12ページ

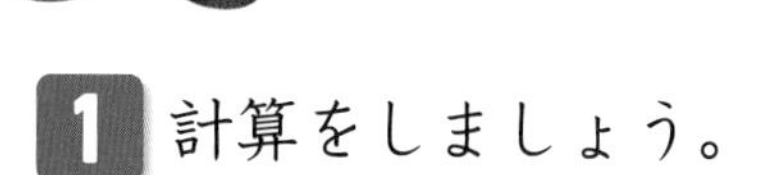

1 計算をしましょう。　1つ4〔16点〕

❶ 0.2×4　❷ 0.3×9　❸ 0.07×6　❹ 0.04×5

2 よく出る 計算をしましょう。　1つ4〔32点〕

❶ 3.8×6　❷ 7.9×5　❸ 5.5×8　❹ 8.7×9

❺ 14.3×4　❻ 80.4×9　❼ 26.1×7　❽ 47.5×6

3 よく出る 計算をしましょう。　1つ5〔20点〕

❶ 5.6×34　❷ 0.4×85　❸ 27.2×36　❹ 90.7×55

4 計算をしましょう。　1つ5〔20点〕

❶ 7.25×7　❷ 0.34×9　❸ 6.01×24　❹ 0.59×37

5 くふうして計算しましょう。　1つ6〔12点〕

❶ 10.3＋7.9＋4.7　❷ 80×5.5×2

チェック

□（小数）×（整数）の計算ができたかな？

□計算のきまりを使って，くふうして小数の計算ができたかな？

まとめのテスト②

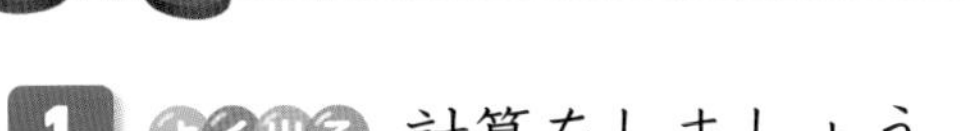

時間 20分

とく点 /100点

答え 12ページ

1 よく出る 計算をしましょう。 1つ4〔32点〕

❶ 0.3 × 7
❷ 6.2 × 3
❸ 2.4 × 6
❹ 8.5 × 8
❺ 17.6 × 2
❻ 32.8 × 4
❼ 60.7 × 9
❽ 46.4 × 5

2 よく出る 計算をしましょう。 1つ4〔32点〕

❶ 5.9 × 23
❷ 8.8 × 12
❸ 5.6 × 15
❹ 7.8 × 93
❺ 21.6 × 45
❻ 37.1 × 66
❼ 60.3 × 28
❽ 95.7 × 30

3 計算をしましょう。 1つ6〔24点〕

❶ 5.13 × 8
❷ 7.01 × 62
❸ 8.46 × 235
❹ 0.725 × 516

4 356×4＝1424 をもとにして，次の積を求めましょう。 1つ4〔12点〕

❶ 35.6×4
❷ 3.56×4
❸ 0.356×4

チェック
□小数のかけ算の筆算ができたかな？
□かけられる数の小数点の位置と積の小数点の位置の関係がわかったかな？

① (小数)÷(整数)の計算(1)

きほんのワーク

答え 12ページ

やってみよう

☆1.8÷3 の計算をしましょう。

とき方 1.8は0.1の □ こ分と考えると，
1.8÷3 は，0.1 の(□÷□)こ分と考えられます。0.1 の □ こ分だから，
1.8÷3＝□ です。　答え □

たいせつ
(小数)÷(整数)の計算は，0.1 や 0.01 の何こ分かを考えて計算できます。

1 □にあてはまる数を書きましょう。

0.28÷4 の計算は，0.28 は □ の □ こ分と考えて，□÷4＝□ より，0.01 の □ こ分だから，0.28÷4＝□ です。

2 計算をしましょう。

❶ 0.8÷2　❷ 0.6÷3　❸ 0.4÷2　❹ 0.5÷5

❺ 1.6÷4　❻ 4.2÷7　❼ 5.6÷8　❽ 2.7÷3

❾ 6.3÷9　❿ 1.8÷6　⓫ 3.5÷7　⓬ 6.4÷8

⓭ 4÷5　⓮ 2÷4

3 計算をしましょう。

❶ 0.24÷4　❷ 0.81÷9　❸ 0.32÷8　❹ 0.21÷3

ポイント　小数を整数でわる計算では，0.1 や 0.01 をもとにすると，(整数)÷(整数)の計算ですることができます。

② (小数)÷(整数)の計算 (2)
きほんのワーク

答え 13ページ

やってみよう

☆6.4÷4 の計算をしましょう。

とき方 筆算で計算します。

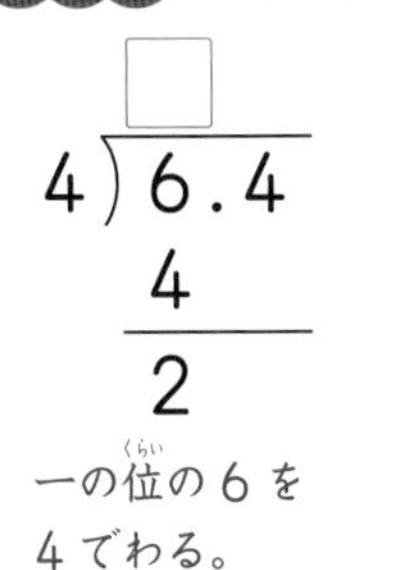

4)6.4
4
2

一の位(くらい)の 6 を 4 でわる。

→ 4)6.4 商 1□
4
2

わられる数の小数点にそろえて，商の小数点をうつ。

→ 4)6.4 商 1.□
4
2□
□□
□

商の小数点は，必(かなら)ず，わられる数の小数点にそろえてうちます。

答え □

1 計算をしましょう。

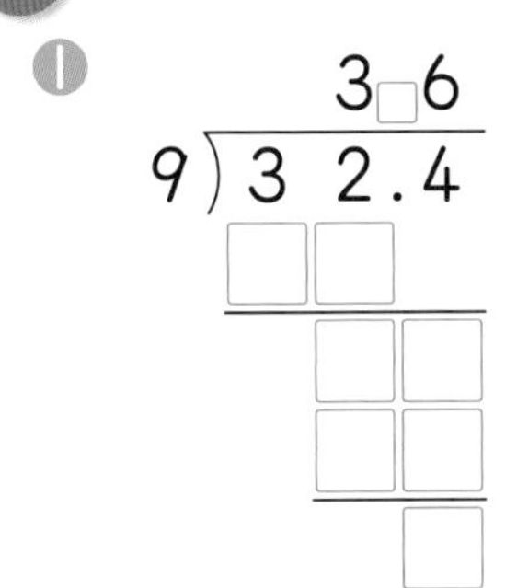

❶ 9)32.4　商 3□6

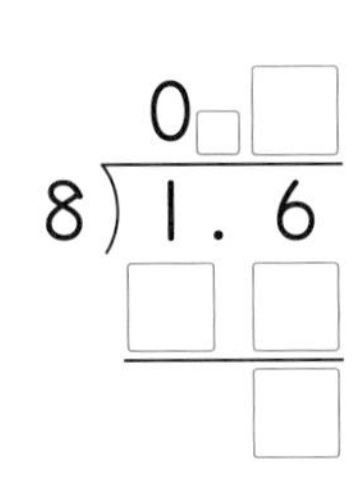

❷ 8)1.6　商 0□□

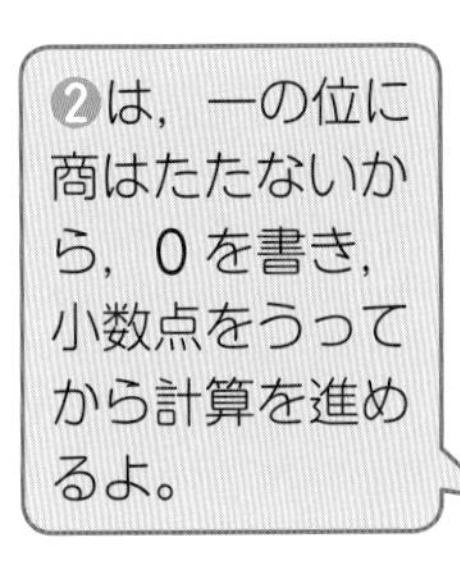

❸ 4)29.6

2 計算をしましょう。

❶ 3)7.2　❷ 6)5.4　❸ 9)28.8　❹ 7)32.9

❺ 8)10.4　❻ 7)23.1　❼ 3)18.6　❽ 6)51.6

❾ 5)38.5　❿ 8)86.4　⓫ 4)49.6　⓬ 7)93.8

ポイント わられる数の小数点にそろえて商の小数点をうってから，$\frac{1}{10}$の位の計算をするようにします。

勉強した日 月 日

③ (小数)÷(整数)の計算(3)

きほんのワーク

答え 13ページ

やってみよう

☆83.2÷32 の計算をしましょう。

とき方 筆算で計算します。

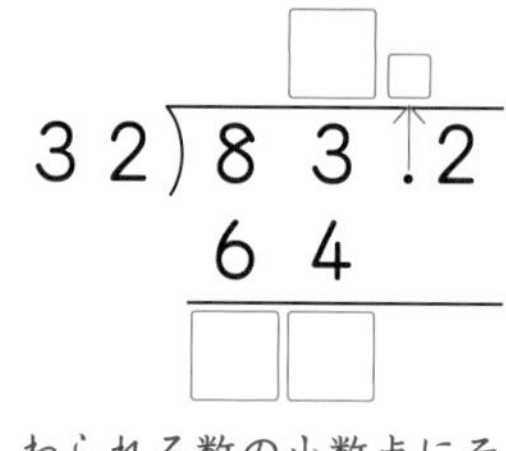

わられる数の小数点にそろえて，商の小数点をうつ。

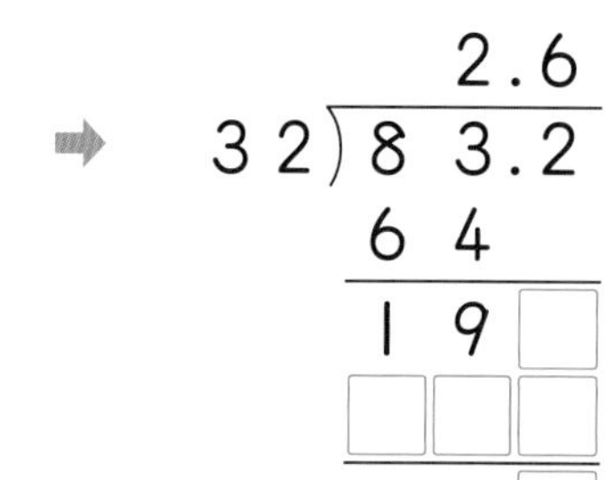

たいせつ

わる数が 2 けたになっても，わる数が 1 けたのときと同じように計算できます。商の小数点を，わられる数の小数点にそろえてうつことも同じです。

答え

1 計算をしましょう。

❶

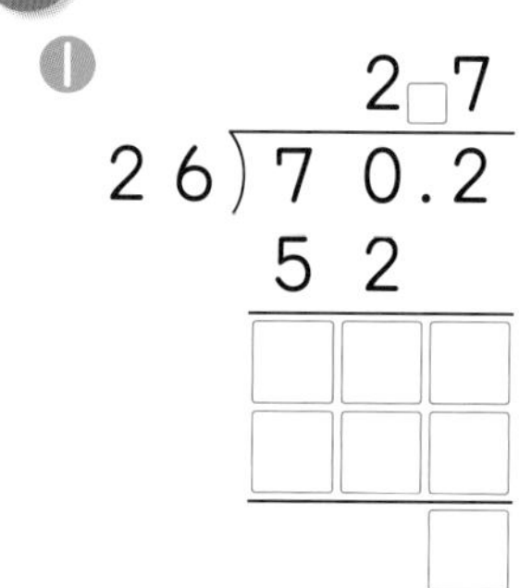

❷

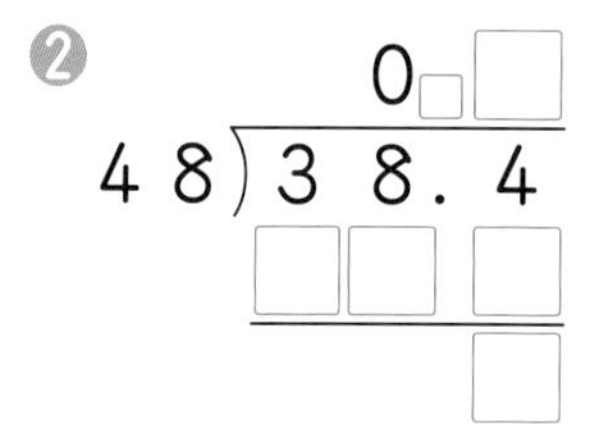

❸

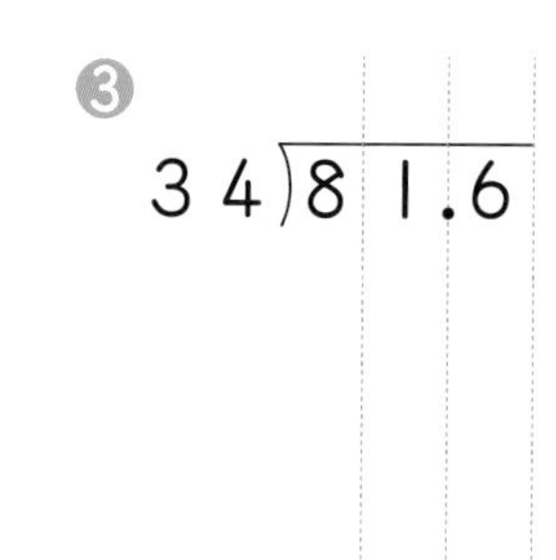

❹ 67)46.9

2 計算をしましょう。

❶ 13)27.3

❷ 32)76.8

❸ 28)92.4

❹ 74)96.2

❺ 27)24.3

❻ 85)42.5

❼ 54)16.2

❽ 92)36.8

ポイント わる数が 2 けたになっても，わる数が 1 けたのときと同じように計算します。わられる数がわる数より小さいとき，商の一の位(くらい)に 0 を書き，小数点をうってから計算を進めます。

④ (小数)÷(整数)の計算(4)

きほんのワーク

答え 13ページ

やってみよう

☆9.36÷4 の計算をしましょう。

とき方　筆算で計算します。

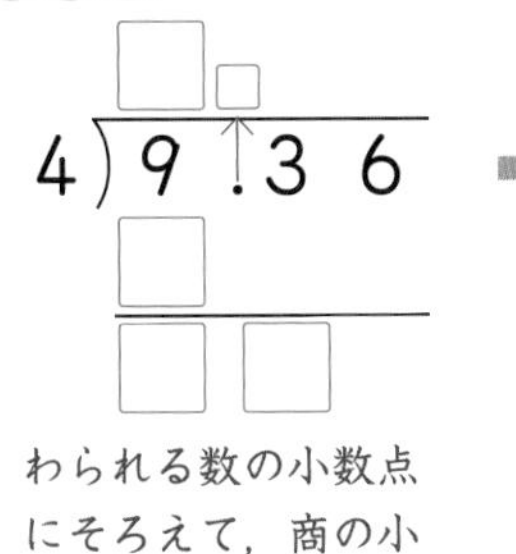

わられる数の小数点にそろえて，商の小数点をうつ。

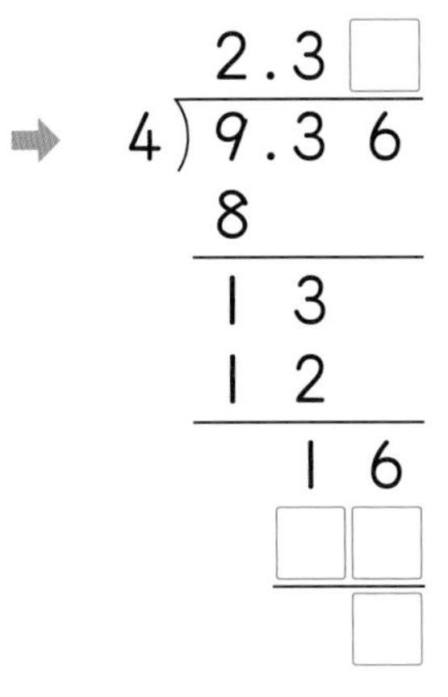

たいせつ

わられる数が $\frac{1}{100}$ の位まであっても，筆算のしかたは，これまでと同じです。

答え

1 計算をしましょう。

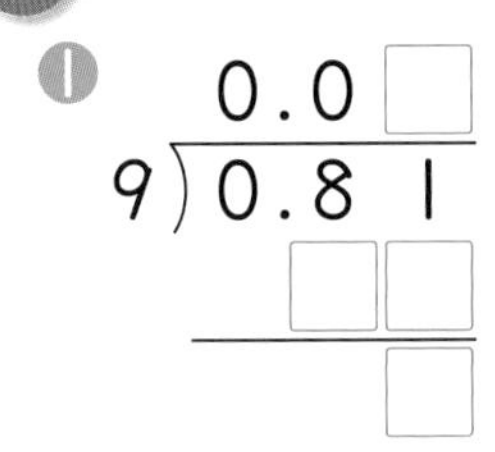

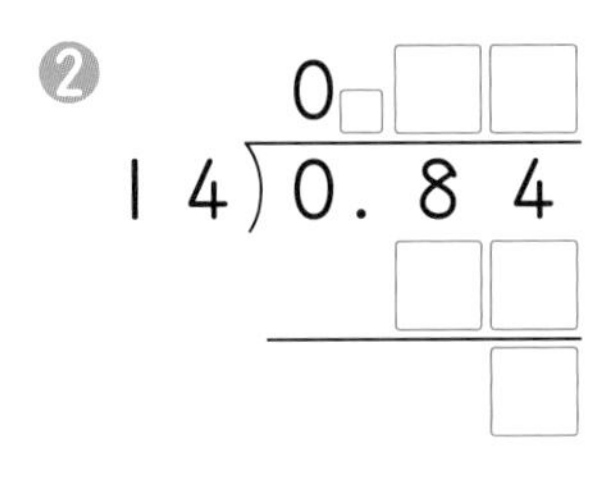

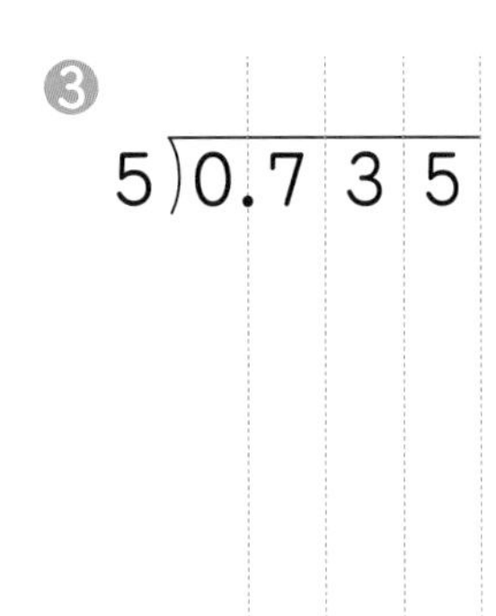

❶ 9)0.81

❷ 14)0.84

❸ 5)0.735

❹ 19)6.175

2 計算をしましょう。

❶ 7)1.47

❷ 13)5.07

❸ 4)0.932

❹ 17)7.582

3 916÷4＝229 をもとにして，次の商を求めましょう。

❶ 91.6÷4

❷ 9.16÷4

❸ 0.916÷4

ポイント

わられる数が，$\frac{1}{100}$ の位(小数第二位)や $\frac{1}{1000}$ の位(小数第三位)までの小数になっても，これまでと同じように計算します。

⑤ あまりのあるわり算(1)

きほんのワーク

答え 13ページ

やってみよう

☆34.7÷6 の筆算をして，商は一の位まで求めて，あまりもだしましょう。

とき方 小数のわり算であまりを考えるときには，あまりの小数点は，わられる数の小数点にそろえてうちます。

6)34.7

答え □ あまり □

たいせつ
わる数×商＋あまり＝わられる数 の式で，答えのたしかめ（けん算）をしておきましょう。
6×5＋4.7＝34.7

1 商は一の位まで求めて，あまりもだしましょう。

❶
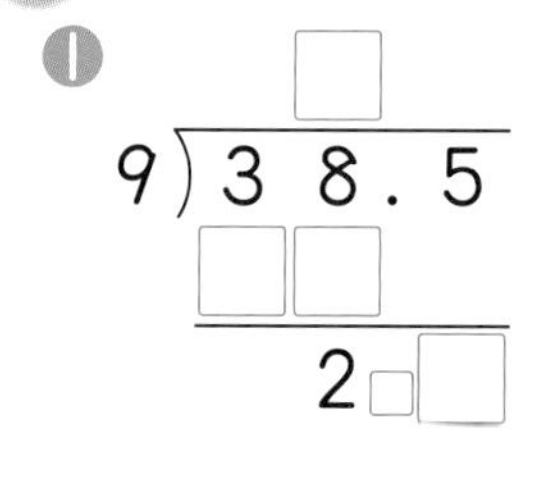

❷
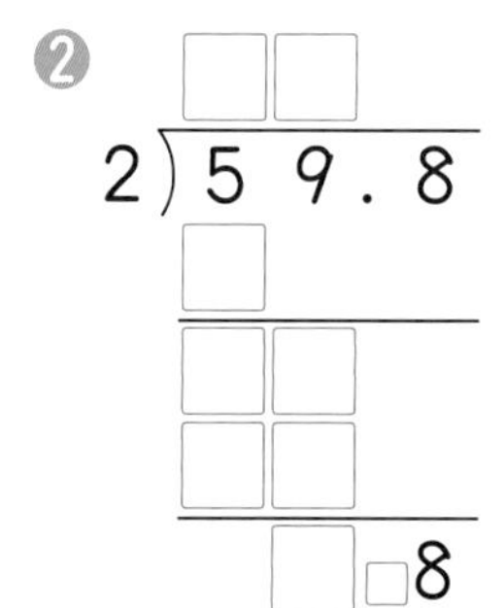

❸
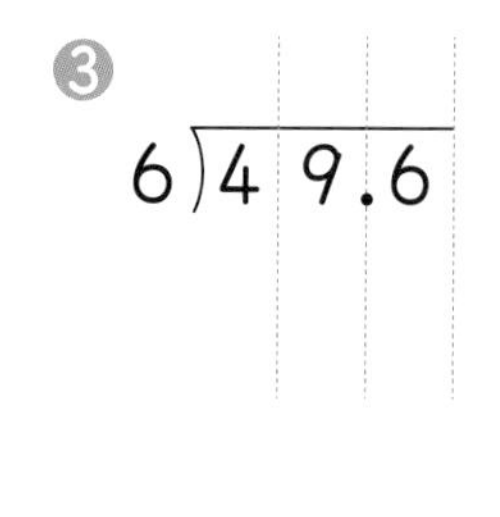

2 商は一の位まで求めて，あまりもだしましょう。

❶ 3)19.3　❷ 8)25.4　❸ 4)91.4　❹ 7)83.1

❺ 14)73.4　❻ 31)98.6　❼ 53)89.2　❽ 29)38.4

ポイント 小数のわり算であまりを考えるとき，あまりの小数点は，わられる数の小数点にそろえてうちます。あまりはわる数より小さくなることに注意します。

⑥ あまりのあるわり算(2)

きほんのワーク

答え 13ページ

やってみよう

☆29.8÷8 の筆算をして，商は $\frac{1}{10}$ の位まで求め，あまりもだしましょう。

とき方 小数のわり算であまりを考えるとき，あまりの小数点は，わられる数の小数点にそろえてうちます。

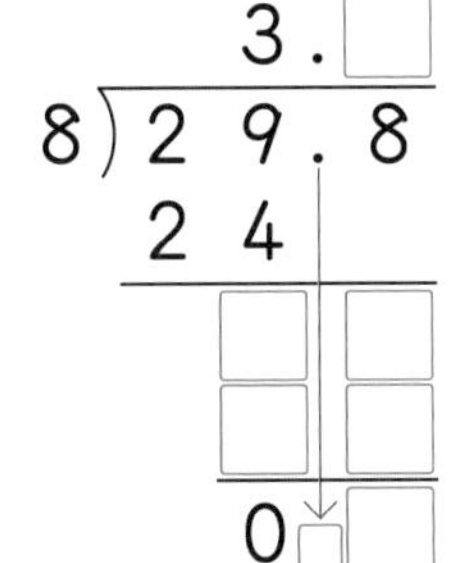

答え □ あまり □

たいせつ

わる数×商＋あまり＝わられる数 の式で，答えのたしかめ(けん算)をしておきましょう。

8×3.7+0.2
=3.7×8+0.2
=29.8

1 商は $\frac{1}{10}$ の位まで求めて，あまりもだしましょう。

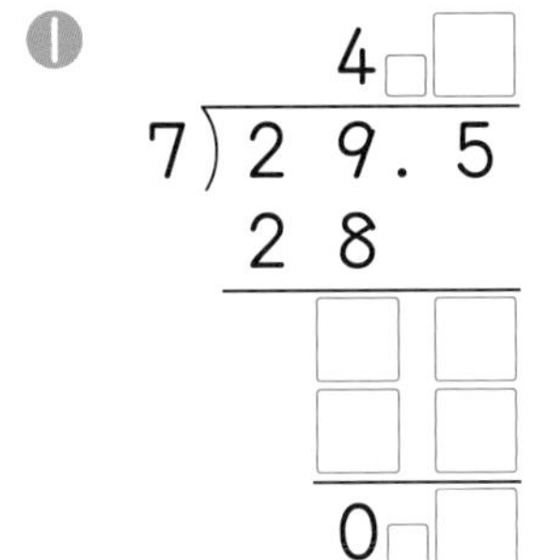

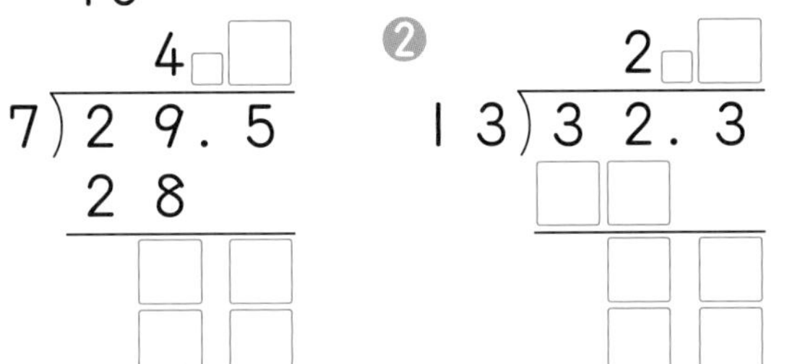

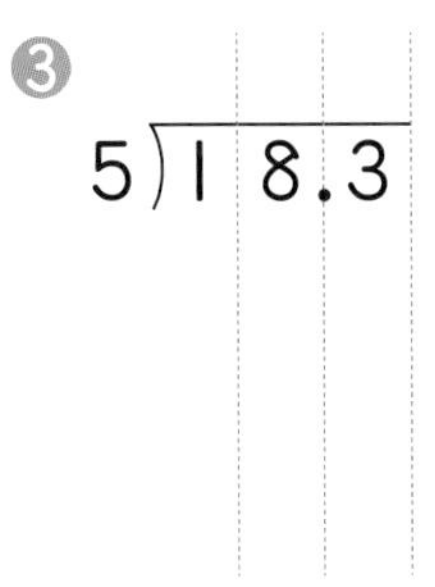

❶ 7)29.5

❷ 13)32.3

❸ 5)18.3

❹ 64)55.1

2 商は $\frac{1}{10}$ の位まで求めて，あまりもだしましょう。

❶ 8)50.8

❷ 3)43.9

❸ 7)32.5

❹ 6)73.7

❺ 32)46.3

❻ 29)80.8

❼ 18)96.2

❽ 43)21.9

ポイント わり算をしたあと，答えのたしかめ(けん算)をすると，あまりの大きさが正しいかを，たしかめることができます。

勉強した日　月　日

⑦ わり進むわり算
きほんのワーク

答え 13ページ

やってみよう

☆9÷4 の計算を，わりきれるまでしましょう。

とき方　わり算の筆算では，わられる数の右に0をつけたして，計算を続けることができます。
9÷4の場合は，9を9.00と考えて計算を続けます。

```
     2.□□
  4)9.0 0
    8
    1 0
      8
      2 0
      2 0
        0
```

←0をつけたして，計算する。

たいせつ
(整数)÷(整数)のわり算でも，(小数)÷(整数)のわり算でも，0をつけたして計算を続けることができます。

答え □

1 わりきれるまで計算しましょう。

❶

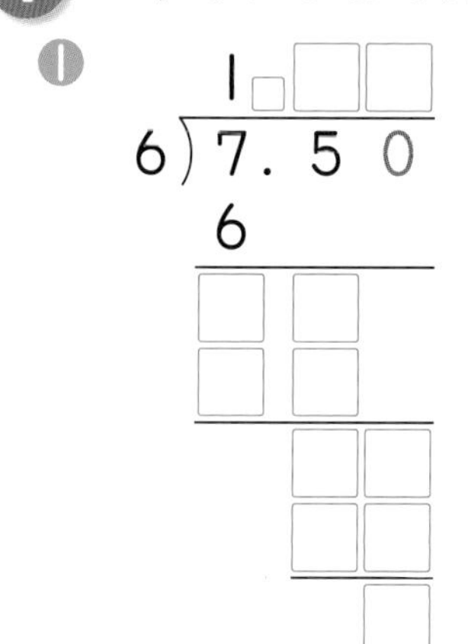

❷

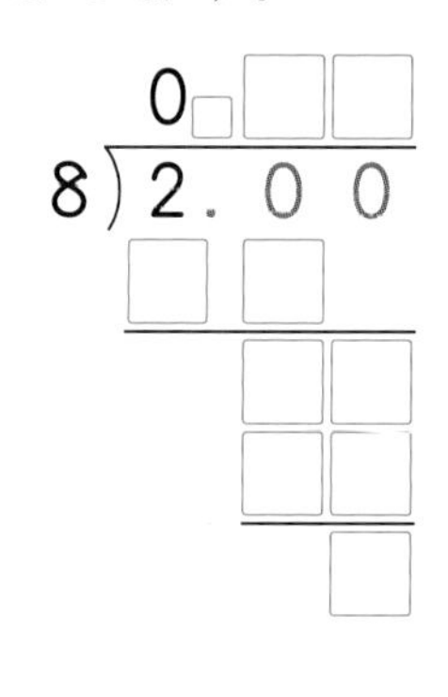

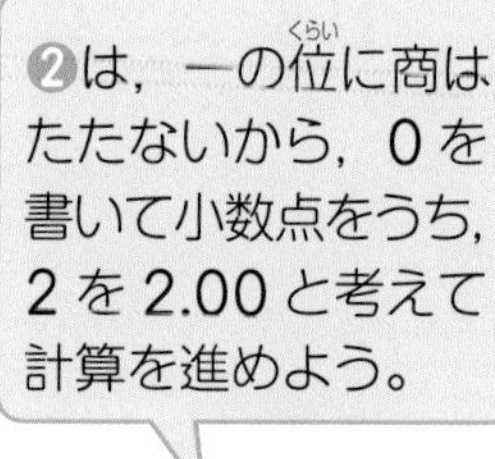

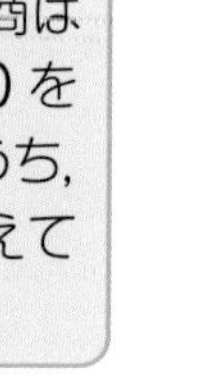

❸ $12\overline{)42}$

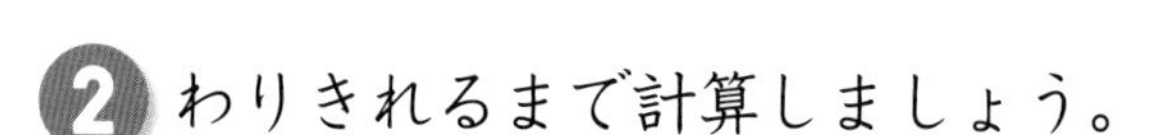

❶ $4\overline{)25}$　❷ $25\overline{)70}$　❸ $12\overline{)9}$　❹ $45\overline{)27}$

❺ $6\overline{)5.7}$　❻ $8\overline{)34.8}$　❼ $14\overline{)17.5}$　❽ $35\overline{)25.9}$

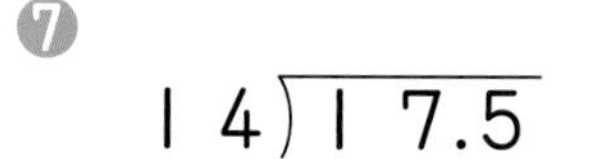

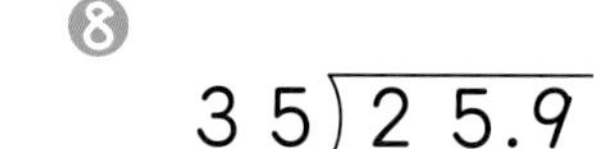

ポイント　一の位に商がたたないときは，0を書いて小数点をうってから計算を進めます。

⑧ 商をがい数で求めるわり算

きほんのワーク

答え 14ページ

やってみよう

☆25÷6 の計算をして，商は四捨五入して，$\frac{1}{10}$ の位までのがい数で求めましょう。

とき方　筆算で計算します。

商を $\frac{1}{10}$ の位までのがい数で求めるときには，□ の位の数字を四捨五入します。

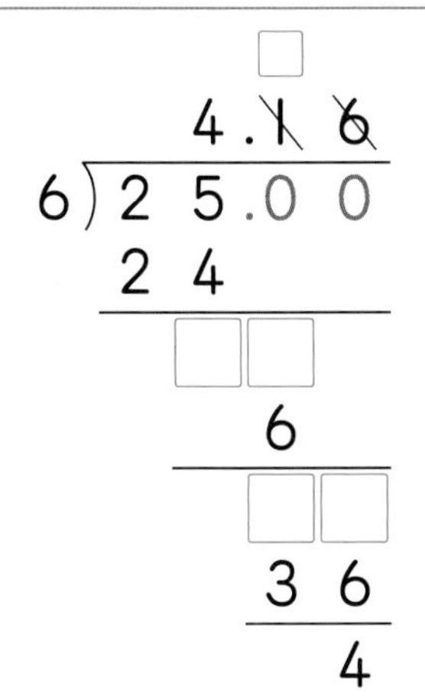

たいせつ

商をがい数で求めるときは，まず，何の位で四捨五入するのかを考えてから，必要な位まで計算します。

答え □

1 商は四捨五入して，上から１けたのがい数で求めましょう。

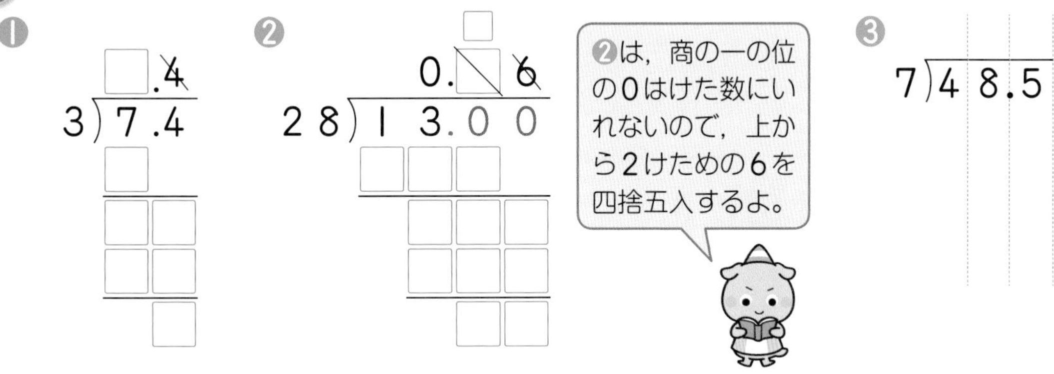

2 商は四捨五入して，$\frac{1}{10}$ の位までのがい数で求めましょう。

❶ 7)67　❷ 30)85　❸ 64)21　❹ 42)113

❺ 9)42.9　❻ 7)60.6　❼ 8)56.7　❽ 27)78.4

ポイント　商をがい数で求めるときは，求めるがい数の１つ下の位まで計算して，その位の数字を四捨五入します。

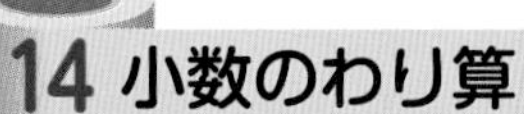

答え 14ページ

とく点 /100点

1 計算をしましょう。 1つ3〔12点〕

❶ $0.8 \div 4$　❷ $7.2 \div 8$　❸ $2 \div 5$　❹ $0.45 \div 9$

2 よく出る 計算をしましょう。 1つ4〔16点〕

❶ $3 \overline{)8.4}$　❷ $4 \overline{)18.4}$　❸ $8 \overline{)52.8}$　❹ $4 \overline{)73.6}$

3 よく出る 計算をしましょう。 1つ4〔32点〕

❶ $17 \overline{)91.8}$　❷ $14 \overline{)37.8}$　❸ $39 \overline{)58.5}$　❹ $27 \overline{)86.4}$

❺ $86 \overline{)17.2}$　❻ $55 \overline{)38.5}$　❼ $73 \overline{)58.4}$　❽ $94 \overline{)37.6}$

4 商は一の位(くらい)まで求(もと)めて，あまりもだしましょう。 1つ5〔20点〕

❶ $9 \overline{)41.6}$　❷ $6 \overline{)79.8}$　❸ $36 \overline{)74.2}$　❹ $27 \overline{)99.3}$

5 商は四捨五入(ししゃごにゅう)して，上から1けたのがい数で求めましょう。 1つ5〔20点〕

❶ $4 \overline{)5.9}$　❷ $13 \overline{)88}$　❸ $12 \overline{)78.4}$　❹ $63 \overline{)21.9}$

チェック
□ (小数)÷(整数)の筆算ができたかな？
□ 商をがい数で求めるわり算ができたかな？

まとめのテスト②

答え 14ページ

1 よく出る 計算をしましょう。 1つ5〔20点〕

❶ $7\overline{)1.4}$　❷ $8\overline{)23.2}$　❸ $6\overline{)83.4}$　❹ $8\overline{)99.2}$

2 よく出る 計算をしましょう。 1つ5〔40点〕

❶ $12\overline{)40.8}$　❷ $46\overline{)96.6}$　❸ $33\overline{)92.4}$　❹ $81\overline{)97.2}$

❺ $57\overline{)17.1}$　❻ $38\overline{)6.84}$　❼ $19\overline{)0.76}$　❽ $45\overline{)2.25}$

3 わりきれるまで計算しましょう。 1つ5〔20点〕

❶ $16\overline{)12}$　❷ $25\overline{)67}$　❸ $6\overline{)20.7}$　❹ $18\overline{)87.3}$

4 商は $\frac{1}{10}$ の位まで求めて，あまりもだしましょう。 1つ5〔20点〕

❶ $4\overline{)23.7}$　❷ $7\overline{)94.3}$　❸ $23\overline{)79.9}$　❹ $34\overline{)29.6}$

チェック✓
□ わり進むわり算ができたかな？
□ 商を $\frac{1}{10}$ の位まで求めて，あまりをだすわり算ができたかな？

勉強した日　月　日

まとめのテスト①

答え 15ページ

時間 20分

とく点　/100点

1 □にあてはまる数を書きましょう。　1つ5〔20点〕

❶ 0.345 を 100 倍した数は □ です。

❷ 0.67 を $\frac{1}{10}$ にした数は □ です。

❸ 2.8 は，0.01 を □ こ集めた数です。

❹ 0.001 を 2305 こ集めた数は □ です。

2 計算をしましょう。わり算はわりきれるまで計算しましょう。　1つ5〔60点〕

❶ $0.52+0.36$

❷ $1.73+7.27$

❸ $6.689+0.751$

❹ $2.34+5.661$

❺ $7.18-1.25$

❻ $4.618-2.56$

❼ $6-3.687$

❽ $1.059-0.809$

❾ 6.3×8

❿ 48.31×12

⓫ $5.2\div4$

⓬ $91.2\div24$

3 商は一の位(くらい)まで求(もと)めて，あまりもだしましょう。また，たしかめもしましょう。　1つ5〔20点〕

❶ $47.2\div3$

たしかめ
(　　　　)

❷ $56.9\div23$

たしかめ
(　　　　)

チェック✓
□小数のしくみがわかったかな？
□小数のわり算の答えのたしかめができたかな？

  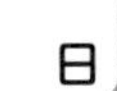

まとめのテスト②

答え 15ページ

1 次の数はいくつですか。　1つ5〔15点〕

❶ 4より0.02小さい数

❷ 1を7こ，0.1を4こ，0.01を8こあわせた数

❸ 5.9より0.003大きい数

(　　　　　)

2 計算をしましょう。　1つ5〔30点〕

❶ 8+2.203　❷ 9.24+1.783　❸ 9.092+10.21

❹ 4.82−3.59　❺ 8.348−3.84　❻ 12−5.012

3 計算をしましょう。わり算はわりきれるまで計算しましょう。　1つ5〔45点〕

❶ 7.25×36　❷ 0.98×4　❸ 5.34×25

❹ 0.245×38　❺ 74÷5　❻ 5.64÷3

❼ 6.08÷8　❽ 22.59÷45　❾ 2÷16

4 商は四捨五入（ししゃごにゅう）して，上から2けたのがい数で求めましょう。　1つ5〔10点〕

❶ 65.8÷9　❷ 290÷54

チェック✓
□小数のいろいろな計算ができたかな？
□小数のわり算の商をがい数で求めることができたかな？

勉強した日　月　日

① 真分数，仮分数，帯分数
きほんのワーク

答え 15ページ

やってみよう

☆ $\frac{11}{4}$を帯分数(たいぶんすう)に，$2\frac{1}{5}$を仮分数(かぶんすう)になおしましょう。

とき方 ＜仮分数→帯分数＞

$\frac{11}{4}$に，1にあたる$\frac{4}{4}$が何こ分あるかを考えるので，分子を分母でわって考えます。

$11\div4=$ [2] あまり ③　より，$2\frac{3}{4}$

＜帯分数→仮分数＞

$2\frac{1}{5}$は$\frac{1}{5}$の何こ分かを考えます。

ここでは$1=\frac{5}{5}$だから，

$5\times2+1=11$ より，$\frac{11}{5}$

たいせつ
- **真分数**(しんぶんすう)…分子が分母より小さい分数。（真分数は1より小さい分数）
- **仮分数**…分子と分母が等しいか，または，分子が分母より大きい分数。（仮分数は1と等しいか，1より大きい分数）
- **帯分数**…整数と真分数の和で表されている分数。

答え $\frac{11}{4}=$ [ ]　$2\frac{1}{5}=$ [ ]

1 次の仮分数を帯分数か整数に，帯分数を仮分数になおしましょう。

❶ $\frac{7}{5}$（　）　❷ $\frac{15}{7}$（　）　❸ $\frac{18}{6}$（　）

❹ $1\frac{4}{6}$（　）　❺ $3\frac{3}{4}$（　）　❻ $2\frac{5}{8}$（　）

2 次の分数を，真分数，仮分数，帯分数に分けましょう。

$\frac{1}{3}$，$2\frac{4}{5}$，$\frac{6}{6}$，$\frac{13}{8}$，$1\frac{1}{3}$，$\frac{5}{7}$，$\frac{6}{5}$

真分数（　）

仮分数（　）

帯分数（　）

3 □にあてはまる不等号(ふとうごう)を書きましょう。

❶ $\frac{53}{7}$ □ $7\frac{3}{7}$　❷ $\frac{28}{6}$ □ $4\frac{5}{6}$

❸ $3\frac{4}{8}$ □ $\frac{30}{8}$　❹ $6\frac{2}{9}$ □ $5\frac{8}{9}$

ポイント 仮分数を帯分数になおすときには，分子÷分母の商が帯分数の整数部分になり，あまりが分子になります。

② 分数のたし算(1)

きほんのワーク

答え 15ページ

やってみよう

☆計算をしましょう。 ❶ $\frac{5}{7}+\frac{4}{7}$ ❷ $\frac{6}{5}+\frac{9}{5}$

とき方 ❶は $\frac{1}{7}$，❷は $\frac{1}{5}$ をもとにして，その何こ分かを考えます。

❶ $\frac{5}{7}+\frac{4}{7}=\frac{\square}{7}$ ←分子だけたした数

$\frac{1}{7}$の5こ分　$\frac{1}{7}$の4こ分　$\frac{1}{7}$の9こ分

❷ 仮分数のたし算も，真分数のたし算と同じように計算できます。

$\frac{6}{5}+\frac{9}{5}=\frac{\square}{5}=\square$

$\frac{1}{5}$の6こ分　$\frac{1}{5}$の9こ分　$\frac{1}{5}$の15こ分

❶の答えは，$1\frac{2}{7}$と帯分数になおすと，大きさがわかりやすいね。

答え ❶  ❷  

1 計算をしましょう。

❶ $\frac{2}{7}+\frac{1}{7}$　❷ $\frac{3}{10}+\frac{6}{10}$　❸ $\frac{1}{9}+\frac{8}{9}$

❹ $\frac{3}{4}+\frac{3}{4}$　❺ $\frac{4}{8}+\frac{5}{8}$　❻ $\frac{7}{10}+\frac{6}{10}$

❼ $\frac{2}{3}+\frac{5}{3}$　❽ $\frac{4}{5}+\frac{7}{5}$　❾ $\frac{5}{6}+\frac{7}{6}$

❿ $\frac{10}{9}+\frac{8}{9}$　⓫ $\frac{8}{7}+\frac{9}{7}$　⓬ $\frac{11}{10}+\frac{12}{10}$

⓭ $\frac{9}{8}+\frac{10}{8}$　⓮ $\frac{6}{4}+\frac{7}{4}$　⓯ $\frac{7}{3}+\frac{5}{3}$

分母が同じ数の分数のたし算は，分子が1の分数をもとにして，その何こ分と考えていくので，分子だけをたして計算します。

勉強した日　月　日

③ 分数のひき算(1)

きほんのワーク

答え 15ページ

やってみよう

☆計算をしましょう。　❶ $\frac{7}{5}-\frac{4}{5}$　❷ $\frac{8}{6}-\frac{1}{6}$

とき方 ❶は $\frac{1}{5}$，❷は $\frac{1}{6}$ をもとにして，その何こ分かを考えます。

❶ $\frac{7}{5}-\frac{4}{5}=\frac{\square}{5}$ ←分子だけひいた数

$\frac{1}{5}$の7こ分　$\frac{1}{5}$の4こ分　$\frac{1}{5}$の3こ分

❷ $\frac{8}{6}-\frac{1}{6}=\frac{\square}{6}$

答え ❶ □　❷ □

❷の答えは，帯分数(たいぶんすう) $1\frac{1}{6}$ になおすことができるよ。

1 □にあてはまる数を書きましょう。

❶ $\frac{11}{8}-\frac{4}{8}=\frac{\square}{8}$　❷ $\frac{12}{9}-\frac{3}{9}=\frac{\square}{9}=\square$　❸ $\frac{9}{5}-\frac{2}{5}=\square$

2 計算をしましょう。

❶ $\frac{4}{6}-\frac{3}{6}$　❷ $\frac{9}{10}-\frac{6}{10}$　❸ $1-\frac{5}{8}$

❹ $\frac{8}{7}-\frac{6}{7}$　❺ $\frac{8}{5}-\frac{6}{5}$　❻ $\frac{15}{7}-\frac{10}{7}$

❼ $\frac{7}{4}-\frac{5}{4}$　❽ $\frac{5}{3}-\frac{4}{3}$　❾ $\frac{16}{9}-\frac{12}{9}$

❿ $\frac{14}{8}-\frac{6}{8}$　⓫ $\frac{9}{7}-\frac{2}{7}$　⓬ $\frac{15}{10}-\frac{2}{10}$

⓭ $\frac{10}{6}-\frac{3}{6}$　⓮ $\frac{14}{9}-\frac{1}{9}$　⓯ $\frac{9}{4}-\frac{5}{4}$

ポイント 分母が同じ分数のひき算も，分数のたし算のときと同じように，分子だけをひいて計算します。

④ 分数のたし算(2)
きほんのワーク

答え 15ページ

やってみよう

☆ $2\frac{3}{7}+1\frac{6}{7}$ の計算をしましょう。

とき方　帯分数のたし算では，整数部分と分数部分に分けて計算します。

$2+1=3$

$2\frac{3}{7}+1\frac{6}{7}=3\frac{9}{7}=\square\frac{\square}{7}$

$\frac{3}{7}+\frac{6}{7}=\frac{9}{7}$

分数部分が仮分数になったときは，整数部分にくり上げる。 $\frac{9}{7}=1\frac{2}{7}$

答え $\square$

さんこう

帯分数を仮分数(かぶんすう)になおして計算するしかたもあります。

$2\frac{3}{7}+1\frac{6}{7}=\frac{17}{7}+\frac{13}{7}=\frac{30}{7}\left(=4\frac{2}{7}\right)$

1 $\square$にあてはまる数を書きましょう。

❶ $2\frac{1}{3}+1\frac{1}{3}=\square\frac{\square}{3}$

❷ $\frac{2}{8}+3\frac{7}{8}=3\frac{\square}{8}=\square$

2 計算をしましょう。

❶ $1\frac{1}{5}+\frac{3}{5}$

❷ $\frac{3}{6}+2\frac{2}{6}$

❸ $4\frac{4}{10}+\frac{4}{10}$

❹ $2\frac{1}{7}+1\frac{4}{7}$

❺ $4\frac{6}{10}+2\frac{3}{10}$

❻ $4\frac{2}{9}+4\frac{5}{9}$

❼ $4+3\frac{3}{4}$

❽ $1\frac{6}{8}+\frac{7}{8}$

❾ $5\frac{3}{4}+\frac{2}{4}$

❿ $\frac{7}{9}+2\frac{8}{9}$

⓫ $3\frac{5}{6}+\frac{1}{6}$

⓬ $3\frac{7}{8}+1\frac{4}{8}$

⓭ $1\frac{4}{5}+2\frac{3}{5}$

⓮ $6\frac{5}{7}+1\frac{3}{7}$

⓯ $1\frac{4}{10}+2\frac{6}{10}$

ポイント　帯分数のたし算には，帯分数を整数部分と分数部分に分けて計算するしかたと，帯分数を仮分数になおして計算する２つのしかたがあります。

勉強した日　月　日

⑤ 分数のひき算（2）
きほんのワーク

答え 15ページ

やってみよう

☆ $4\frac{2}{8}-2\frac{5}{8}$ の計算をしましょう。

とき方 帯分数(たいぶんすう)のひき算も，たし算と同じように，整数部分と分数部分に分けて計算します。$\frac{2}{8}$ から $\frac{5}{8}$ はひけないので，整数部分の 4 から 1 くり下げて考えます。

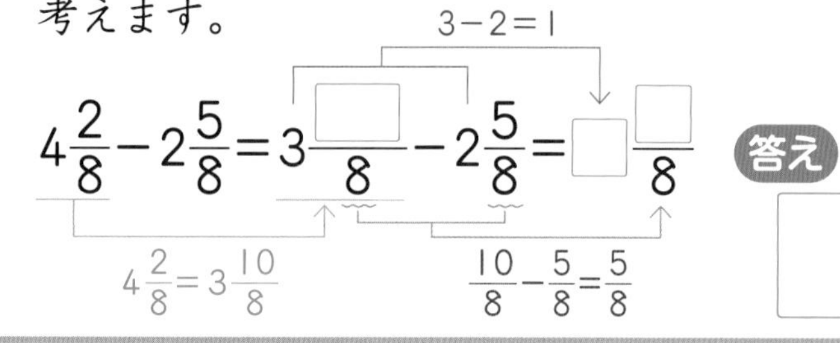

答え □

さんこう
帯分数を仮分数(かぶんすう)になおして計算するしかたもあります。
$4\frac{2}{8}-2\frac{5}{8}=\frac{34}{8}-\frac{21}{8}=\frac{13}{8}\left(=1\frac{5}{8}\right)$

1 □にあてはまる数を書きましょう。

❶ $4\frac{3}{5}-1\frac{1}{5}=\square\frac{\square}{5}$

❷ $5\frac{2}{14}-\frac{7}{14}=4\frac{\square}{\square}-\frac{7}{14}=\square$

2 計算をしましょう。

❶ $2\frac{4}{5}-\frac{1}{5}$　❷ $3\frac{8}{9}-\frac{4}{9}$　❸ $4\frac{5}{8}-\frac{3}{8}$

❹ $3\frac{5}{9}-1\frac{3}{9}$　❺ $5\frac{9}{10}-4\frac{4}{10}$　❻ $6\frac{6}{7}-3\frac{2}{7}$

❼ $8\frac{5}{9}-2$　❽ $6\frac{1}{3}-\frac{2}{3}$　❾ $2\frac{2}{7}-\frac{5}{7}$

❿ $4\frac{1}{5}-\frac{4}{5}$　⓫ $5-1\frac{2}{6}$　⓬ $4\frac{4}{6}-2\frac{5}{6}$

⓭ $7\frac{2}{10}-4\frac{9}{10}$　⓮ $10\frac{1}{4}-5\frac{3}{4}$　⓯ $9\frac{2}{8}-7\frac{5}{8}$

ポイント 帯分数を整数部分と分数部分に分けて計算するときには，まず真分数どうしの大きさをくらべ，ひけないときは，整数部分からくり下げた 1 を分数になおして計算します。

⑥ 分数の計算
きほんのワーク

答え 16ページ

やってみよう

☆ $1\frac{2}{7}+3\frac{1}{7}-2\frac{6}{7}$ の計算をしましょう。

とき方 たし算とひき算のまじった式や，3つの分数のひき算は，左から順に計算します。

$4\frac{3}{7}=3\frac{10}{7}$

$1\frac{2}{7}+3\frac{1}{7}-2\frac{6}{7}=4\frac{\square}{7}-2\frac{6}{7}=3\frac{\square}{7}-2\frac{6}{7}=\square\frac{\square}{7}$

答え □

1 □にあてはまる数を書きましょう。

❶ $2\frac{1}{5}+1\frac{4}{5}+3\frac{3}{5}=6+\frac{\square}{5}=6+\square\frac{\square}{5}=\square$

❷ $4\frac{4}{9}-\frac{7}{9}-1\frac{5}{9}=3\frac{\square}{9}-\frac{7}{9}-1\frac{5}{9}=3\frac{\square}{9}-1\frac{5}{9}=\square$

❸ $3\frac{4}{7}-\left(\frac{5}{7}+\frac{3}{7}\right)=3\frac{4}{7}-\frac{\square}{7}=3\frac{4}{7}-\square\frac{\square}{7}=\square$

❶は，たし算だけの式だから，分数が3つになっても，帯分数を整数部分と分数部分に分けて計算できるね。❸は，（ ）の中を先に計算するよ。

2 計算をしましょう。

❶ $1\frac{5}{7}+\frac{1}{7}+2\frac{3}{7}$

❷ $5\frac{7}{9}+2\frac{3}{9}+1\frac{7}{9}$

❸ $4\frac{1}{8}-1\frac{5}{8}-\frac{3}{8}$

❹ $4-1\frac{2}{6}-\frac{5}{6}$

❺ $2\frac{3}{5}+1\frac{2}{5}-\frac{4}{5}$

❻ $3\frac{6}{7}-2\frac{5}{7}+4\frac{2}{7}$

❼ $3\frac{4}{9}-\left(3\frac{5}{9}-1\frac{8}{9}\right)$

❽ $5-\left(1\frac{4}{7}+2\frac{6}{7}\right)$

ポイント たし算とひき算のまじった式は，左から順に計算し，（ ）のある式では，（ ）の中を先に計算します。

勉強した日　月　日

まとめのテスト①

時間 20分

とく点　/100点

答え 16ページ

1 次の分数を，真分数，仮分数，帯分数に分けましょう。　1つ4〔12点〕

$\frac{8}{9}$，$\frac{7}{5}$，$1\frac{2}{3}$，$5\frac{6}{7}$，$\frac{3}{4}$，$\frac{7}{7}$，$3\frac{3}{10}$，$\frac{8}{11}$，$\frac{3}{2}$

真分数（　　　　）　仮分数（　　　　）　帯分数（　　　　）

2 □にあてはまる不等号を書きましょう。　1つ4〔16点〕

❶ $\frac{5}{8}$ □ $\frac{5}{7}$　❷ $\frac{3}{4}$ □ 1　❸ $3\frac{4}{6}$ □ $\frac{21}{6}$　❹ $4\frac{3}{5}$ □ $3\frac{4}{5}$

3 よく出る 計算をしましょう。　1つ4〔36点〕

❶ $\frac{1}{7}+\frac{5}{7}$　❷ $\frac{8}{9}+\frac{7}{9}$　❸ $\frac{7}{6}+\frac{4}{6}$

❹ $\frac{5}{4}+\frac{3}{4}$　❺ $\frac{12}{8}+\frac{9}{8}$　❻ $\frac{8}{10}-\frac{5}{10}$

❼ $\frac{6}{5}-\frac{2}{5}$　❽ $\frac{14}{9}-\frac{11}{9}$　❾ $\frac{13}{7}-\frac{4}{7}$

4 よく出る 計算をしましょう。　1つ4〔36点〕

❶ $\frac{1}{4}+3\frac{2}{4}$　❷ $2\frac{6}{8}+\frac{5}{8}$　❸ $1\frac{4}{6}+3\frac{1}{6}$

❹ $1\frac{2}{5}+3\frac{3}{5}$　❺ $3\frac{4}{7}-\frac{3}{7}$　❻ $7\frac{3}{8}-\frac{5}{8}$

❼ $9\frac{2}{4}-3$　❽ $2\frac{6}{9}-1\frac{1}{9}$　❾ $5\frac{6}{10}-2\frac{9}{10}$

チェック
□分数の大小を不等号を使って表せたかな？
□分数のたし算・ひき算ができたかな？

答え 16ページ

時間 20分

とく点　/100点

1 次の仮分数を帯分数か整数に，帯分数を仮分数になおしましょう。　1つ3〔18点〕

❶ $\frac{13}{2}$ (　　)　❷ $\frac{37}{7}$ (　　)　❸ $\frac{21}{3}$ (　　)

❹ $2\frac{3}{5}$ (　　)　❺ $3\frac{5}{6}$ (　　)　❻ $4\frac{9}{10}$ (　　)

2 よく出る 計算をしましょう。　1つ4〔36点〕

❶ $\frac{4}{5}+\frac{2}{5}$　❷ $\frac{5}{7}+\frac{8}{7}$　❸ $\frac{6}{4}+\frac{5}{4}$

❹ $\frac{8}{6}+\frac{10}{6}$　❺ $\frac{10}{8}-\frac{7}{8}$　❻ $\frac{15}{10}-\frac{11}{10}$

❼ $\frac{17}{7}-\frac{3}{7}$　❽ $\frac{12}{9}-\frac{4}{9}$　❾ $\frac{13}{6}-\frac{7}{6}$

3 よく出る 計算をしましょう。　1つ4〔36点〕

❶ $1\frac{4}{7}+\frac{5}{7}$　❷ $5\frac{3}{5}+3\frac{4}{5}$　❸ $3\frac{4}{10}+2\frac{3}{10}$

❹ $2\frac{2}{9}+1\frac{7}{9}$　❺ $2\frac{5}{6}+5$　❻ $5\frac{1}{10}-\frac{2}{10}$

❼ $3\frac{7}{8}-1\frac{3}{8}$　❽ $4\frac{4}{9}-2\frac{8}{9}$　❾ $3-1\frac{5}{8}$

4 計算をしましょう。　1つ5〔10点〕

❶ $5\frac{3}{7}-\frac{6}{7}-1\frac{5}{7}$　❷ $7\frac{3}{10}-\left(4\frac{5}{10}+1\frac{1}{10}\right)$

チェック
□ 仮分数を帯分数か整数に，帯分数を仮分数になおせたかな？
□ 3つの分数の計算ができたかな？

勉強した日

まとめのテスト①

答え 16ページ

時間 20分

とく点 /100点

1 計算をしましょう。わり算は商を整数で求め，わりきれないときはあまりもだしましょう。 1つ5〔30点〕

❶ 139×98　❷ 398×145　❸ 419×506

❹ 240÷8　❺ 88÷5　❻ 97÷4

2 計算をしましょう。 1つ5〔30点〕

❶ 0.5+1.88　❷ 9.77+6.236　❸ 12.307+17.623

❹ 8.64−7.77　❺ 12.34−7.91　❻ 7.056−5.249

3 計算をしましょう。 1つ5〔15点〕

❶ 9600÷800　❷ 6800÷200　❸ 60000÷2500

4 四捨五入して，〔　〕の中の位までのがい数にしましょう。 1つ5〔10点〕

❶ 3427〔百〕　❷ 489268〔一万〕

5 ㋐の角度は何度ですか。 1つ5〔15点〕

❶

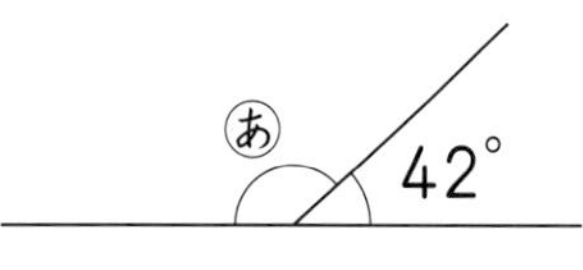

❷

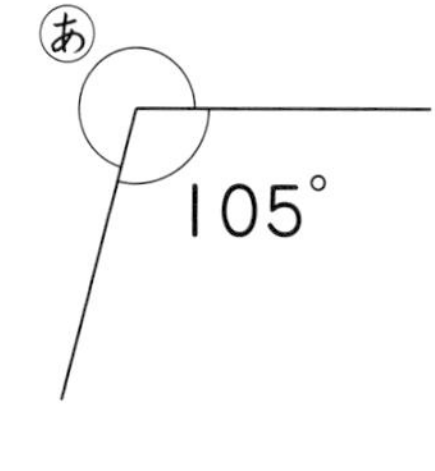

❸

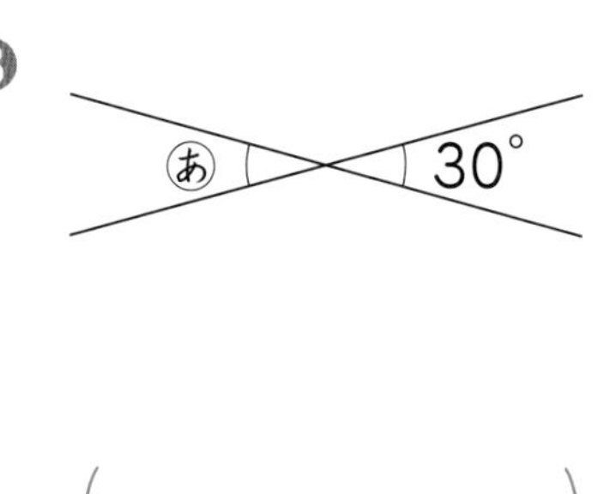

(　　)　(　　)　(　　)

□整数や小数の計算ができたかな？
□角の大きさを正しく求めることができたかな？

答え 16ページ

とく点　/100点

1 次の数を数字で書きましょう。　1つ5〔10点〕

❶ 二兆五百億百七十三万　（　　　）

❷ 5200万を100倍した数　（　　　）

2 商は整数で求め，わりきれないときはあまりもだしましょう。　1つ6〔36点〕

❶ $915 \div 5$

❷ $968 \div 8$

❸ $355 \div 4$

❹ $646 \div 23$

❺ $728 \div 14$

❻ $751 \div 93$

3 計算をしましょう。　1つ6〔24点〕

❶ $68 \times (45 + 15)$

❷ $80 - 72 \div 4 - 20$

❸ 996×5

❹ 109×18

4 次の仮分数を帯分数か整数に，帯分数を仮分数になおしましょう。　1つ3〔12点〕

❶ $2\frac{4}{5}$　（　　　）

❷ $\frac{19}{6}$　（　　　）

❸ $4\frac{2}{7}$　（　　　）

❹ $\frac{24}{3}$　（　　　）

5 面積を，〔　〕の中の単位で求めましょう。　1つ6〔18点〕

❶ たてが5cm，横が15cmの長方形〔cm^2〕　（　　　）

❷ 1辺が19mの正方形〔m^2〕　（　　　）

❸ たてが300m，横が200mの長方形の形をした畑〔ha〕　（　　　）

□計算のきまりを使って計算できたかな？
□長方形や正方形の面積を求めることができたかな？

まとめのテスト③

答え 16ページ

1 商は整数で求(もと)め，わりきれないときはあまりもだしましょう。 1つ5〔30点〕

❶ $81 \div 27$　❷ $79 \div 18$　❸ $505 \div 52$

❹ $648 \div 21$　❺ $9710 \div 46$　❻ $9828 \div 182$

2 計算をしましょう。わり算は，わりきれるまで計算しましょう。 1つ5〔30点〕

❶ $5.62 + 4.38$　❷ $4.23 - 1.33$　❸ $15 - 3.497$

❹ 0.38×54　❺ $9.8 \div 14$　❻ $36 \div 45$

3 計算をしましょう。 1つ5〔30点〕

❶ $\frac{7}{11} + \frac{9}{11}$　❷ $1\frac{2}{7} + \frac{6}{7}$　❸ $\frac{23}{8} + 3\frac{1}{8}$

❹ $\frac{9}{6} - \frac{5}{6}$　❺ $2\frac{1}{4} - \frac{3}{4}$　❻ $4\frac{3}{5} - 2\frac{1}{5}$

4 色のついた部分の面積(めんせき)を求めましょう。 1つ5〔10点〕

❶

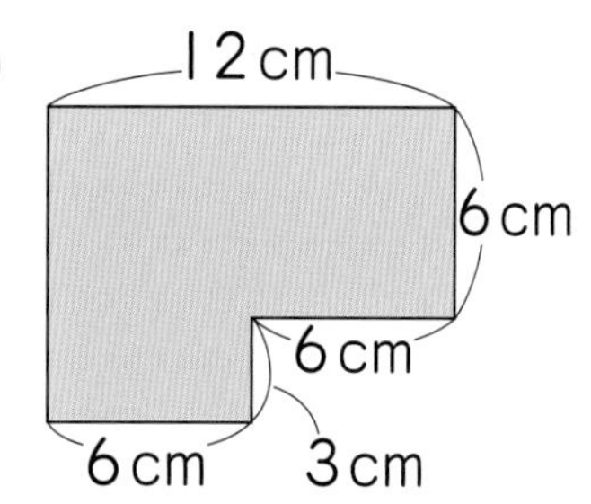

（　　　　　）

❷

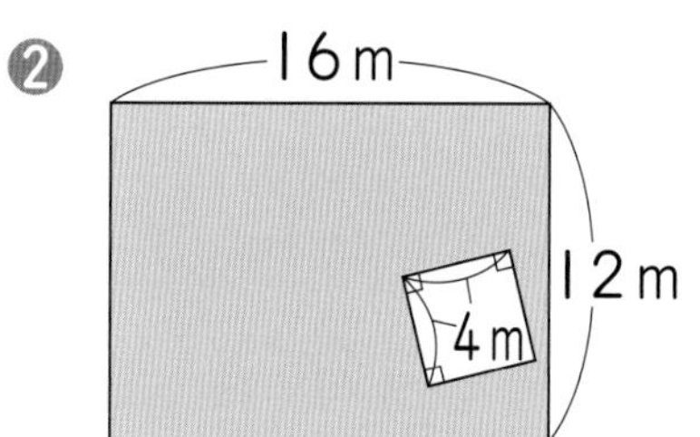

（　　　　　）

□整数，小数，分数の計算ができたかな？
□いろいろな形の面積を求めることができたかな？

教科書ワーク

答えとてびき

「答えとてびき」は，とりはずすことができます。

全教科書対応

数と計算 4年

使い方

まちがえた問題は，もういちどよく読んで，なぜまちがえたのかを考えましょう。正しい答えを知るだけでなく，なぜそうなるかを考えることが大切です。

1 大きい数

2ページ きほんのワーク

☆ 4　答え 七千四百十二兆三千九百六十五億八千万

❶ ❶ 千三百五十六万八千四百二十七
❷ 三億千七万六千四百
❸ 六千二百億九百十万二千五百
❹ 一兆七千四十億六千三百五十万
❺ 三兆四千九百六十億八百七十五万
❻ 十兆二千百七十一億

❷ ❶ 730500000
❷ 1207038051
❸ 2060000480000
❹ 40600900000
❺ 500000260405
❻ 80030020000000
❼ 375640500000000

3ページ きほんのワーク

☆ 82，109　答え 5008201090000

❶ ❶ 304000000
❷ 15006009300000

❷ ❶ 8500000000
❷ 140000000000000
❸ 3700000000000
❹ 62
❺ 941000

❸ ㋐ 1兆　㋑ 1兆3000億

4ページ きほんのワーク

☆ 1，1　答え 200億，2億

❶ ❶ 30　❷ 2，8600
❸ 40　❹ 5000

❷ ❶ 280億　❷ 4億1000万
❸ 3500億

❸ ❶ 600億　❷ 7兆2000億

❹ ❶ 8億　❷ 81億
❸ 5億　❹ 44億

5ページ きほんのワーク

☆ 3，3，9，8　答え 39858

❶
❶ 398 × 165：1990 / 2388 / 398 / 65670
❷ 267 × 384：1068 / 2136 / 801 / 102528
❸ 465 × 737：3255 / 1395 / 3255 / 342705
❹ 375 × 534：1500 / 1125 / 1875 / 200250

❷ ❶ 7，8，1，3，1，2
❷ 3，5，1，9，4，5，0，0，0

❸
❶ 387 × 207：2709 / 774 / 80109
❷ 404 × 708：3232 / 2828 / 286032
❸ 720 × 380：576 / 216 / 273600
❹ 420 × 3600：252 / 126 / 1512000

6ページ まとめのテスト❶

1 ㋐ 3億　㋑ 15億
㋒ 28億5000万

2 ❶ 七十億四百四十六万二千
❷ 三十二兆八百二十億四千万

3 ❶ ㋐ 240億　㋑ 2億4000万
❷ ㋐ 473000000000
㋑ 4730000000
❸ ㋐ 50兆　㋑ 5000億
❹ ㋐ 99780328000000
㋑ 997803280000

4 ❶
273
×153
819
1365
273
41769

❷
248
×257
1736
1240
496
63736

❸
587
×196
3522
5283
587
115052

❹
854
×929
7686
1708
7686
793366

❺
774
×508
6192
3870
393192

❻
309
×102
618
309
31518

❼
560
×650
280
336
364000

❽
350
×160
210
35
56000

7ページ まとめのテスト❷

1 ❶ 200345006
❷ 60462020000
❸ 8160030000000
❹ 4890000000000

2 ❶ 350040000
❷ 460
❸ 290000000
❹ 2999999999999

3 ❶ < ❷ > ❸ < ❹ <

4 ❶ 49万 ❷ 10億 ❸ 92兆 ❹ 28万
❺ 3億 ❻ 59兆

5 ❶ 182028 ❷ 220507
❸ 84042 ❹ 5328000

2 わり算(1)

8ページ きほんのワーク

☆ 3, 1, 1, 10 答え 10

1 ❶ 10 ❷ 40

2 ❶ 20 ❷ 10 ❸ 20 ❹ 30
❺ 20 ❻ 30

3 ❶ 90 ❷ 70 ❸ 50 ❹ 50
❺ 50 ❻ 50

9ページ きほんのワーク

☆ 8, 4, 4, 400 答え 400

1 ❶ 100 ❷ 300 ❸ 600

2 ❶ 100 ❷ 200 ❸ 300 ❹ 200

3 ❶ 500 ❷ 600 ❸ 500 ❹ 200

10ページ きほんのワーク

☆ 2, 6, 1→5→5, 1, 5→0 答え 25

1 ❶ 1, 6, 1→2→2, 1, 2→0
❷ 1, 3, 7, 2, 1, 2, 1, 0

2 ❶
12
8)96
8
16
16
0

❷
17
5)85
5
35
35
0

❸
23
2)46
4
6
6
0

3 ❶
12
7)84
7
14
14
0

❷
13
6)78
6
18
18
0

❸
19
5)95
5
45
45
0

❹
15
4)60
4
20
20
0

❺
32
3)96
9
6
6
0

❻
21
4)84
8
4
4
0

❼
46
2)92
8
12
12
0

❽
29
3)87
6
27
27
0

11ページ きほんのワーク

☆ 2, 8, 1→7→4, 1, 6→1

答え 24あまり1

1 ❶ 1, 6, 2→5→4, 2, 4→1
❷ 1, 2, 8, 1, 8, 1, 6, 2

2 ❶
13
4)54
4
14
12
2

❷
18
5)93
5
43
40
3

❸
29
3)89
6
29
27
2

❹
13
7)96
7
26
21
5

3 ❶
12
8)97
8
17
16
1

❷
12
6)75
6
15
12
3

❸
38
2)77
6
17
16
1

❹
12
5)63
5
13
10
3

❺
27
3)83
6
23
21
2

❻
23
4)95
8
15
12
3

❼
11
8)90
8
10
8
2

❽
16
6)99
6
39
36
3

12ページ きほんのワーク

☆ 0→2 答え 30あまり2

1 ❶ 2, 1→0 ❷ 1, 0, 3
❸ 2, 0, 6, 2

2 ❶
5
5)28
25
3

❷
8
4)34
32
2

❸
8
7)61
56
5

3 ❶
10
5)54
5
4

❷
30
2)61
6
1

❸
30
3)91
9
1

❹
10
8)87
8
7

❺
21
4)86
8
6
4
2

❻
11
7)79
7
9
7
2

❼
32
2)65
6
5
4
1

❽
13
6)82
6
22
18
4

13ページ きほんのワーク

☆ 3, 17, 2 答え 17あまり2

たしかめ 3×17+2=53

1
① 計算の答え 15 あまり 3
たしかめ $5\times15+3=78$
② 計算の答え 41 あまり 1
たしかめ $2\times41+1=83$

① 15 / 5)78 / 5 / 28 / 25 / 3
② 41 / 2)83 / 8 / 3 / 2 / 1

2
① 16 / 4)66 / 4 / 26 / 24 / 2
たしかめ $4\times16+2=66$
② 12 / 3)37 / 3 / 7 / 6 / 1
たしかめ $3\times12+1=37$
③ 13 / 6)80 / 6 / 20 / 18 / 2
たしかめ $6\times13+2=80$
④ 37 / 2)75 / 6 / 15 / 14 / 1
たしかめ $2\times37+1=75$
⑤ 12 / 7)86 / 7 / 16 / 14 / 2
たしかめ $7\times12+2=86$
⑥ 20 / 3)61 / 6 / 1
たしかめ $3\times20+1=61$

14ページ まとめのテスト①

1 ① 10 ② 80 ③ 70 ④ 100 ⑤ 500

2
① 19 / 4)76 / 4 / 36 / 36 / 0
② 14 / 6)84 / 6 / 24 / 24 / 0
③ 27 / 3)81 / 6 / 21 / 21 / 0
④ 18 / 2)36 / 2 / 16 / 16 / 0
⑤ 35 / 2)70 / 6 / 10 / 10 / 0
⑥ 14 / 4)56 / 4 / 16 / 16 / 0
⑦ 15 / 5)75 / 5 / 25 / 25 / 0
⑧ 16 / 6)96 / 6 / 36 / 36 / 0

3
① 36 / 2)73 / 6 / 13 / 12 / 1
② 10 / 9)97 / 9 / 7
③ 15 / 6)95 / 6 / 35 / 30 / 5
④ 11 / 7)83 / 7 / 13 / 7 / 6
⑤ 11 / 6)70 / 6 / 10 / 6 / 4
⑥ 14 / 7)99 / 7 / 29 / 28 / 1
⑦ 20 / 4)81 / 8 / 1
⑧ 15 / 3)46 / 3 / 16 / 15 / 1
⑨ 13 / 5)68 / 5 / 18 / 15 / 3
⑩ 31 / 3)95 / 9 / 5 / 3 / 2
⑪ 12 / 7)87 / 7 / 17 / 14 / 3
⑫ 22 / 4)90 / 8 / 10 / 8 / 2

15ページ まとめのテスト②

1 ① 40 ② 30 ③ 60 ④ 800 ⑤ 400 ⑥ 400

2
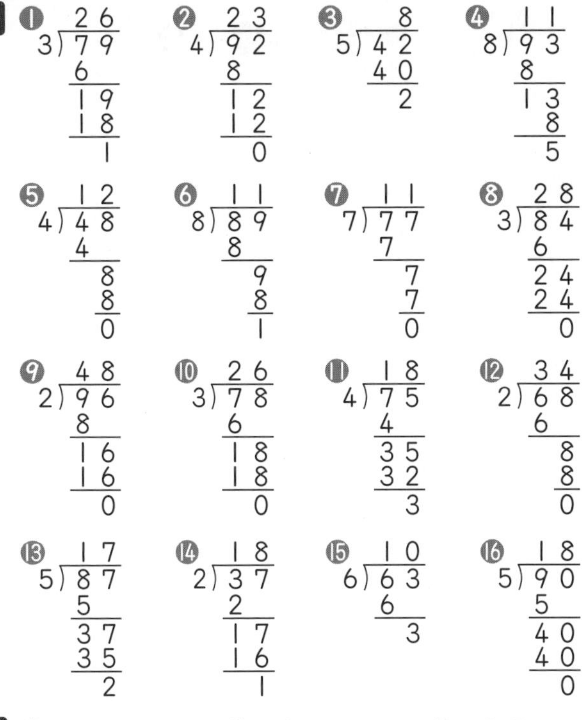

3
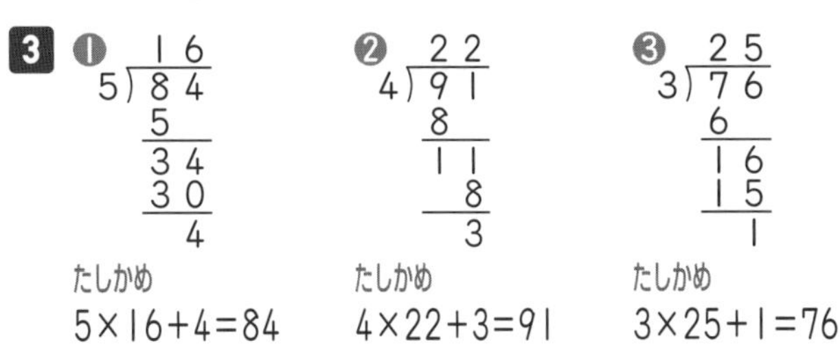

3 わり算(2)

16ページ きほんのワーク

☆ 5, 3, 2 ➡ 6, 3, 0, 2, 7 ➡ 5, 2, 5, 2
答え 165 あまり 2

1
① 1, 4, 1, 3, 1, 2, 1, 8
➡ 6, 1, 8, 0
② 3, 7, 6, 6, 1, 5, 1, 4, 1, 3, 1, 2, 1
③ 186 / 3)560 / 3 / 26 / 24 / 20 / 18 / 2

2
① 128 / 4)514 / 4 / 11 / 8 / 34 / 32 / 2
② 158 / 3)475 / 3 / 17 / 15 / 25 / 24 / 1
③ 137 / 5)685 / 5 / 18 / 15 / 35 / 35 / 0
④ 114 / 7)801 / 7 / 10 / 7 / 31 / 28 / 3
⑤ 122 / 6)732 / 6 / 13 / 12 / 12 / 12 / 0
⑥ 273 / 2)547 / 4 / 14 / 14 / 7 / 6 / 1
⑦ 299 / 3)897 / 6 / 29 / 27 / 27 / 27 / 0
⑧ 167 / 4)670 / 4 / 27 / 24 / 30 / 28 / 2

17ページ きほんのワーク

☆ 2, 4, 1, 7, 1, 6, 1
2, 4, 1, 7, 1, 6, 1　答え 204 あまり 1

1 ❶ 0, 9, 9, 3, 6, 3
❷ 3, 0, 9, 9, 2
❸ 150 / 5)754 / 5 / 25 / 25 / 4

2
❶ 308 / 2)616 / 6 / 16 / 16 / 0
❷ 106 / 5)534 / 5 / 34 / 30 / 4
❸ 309 / 3)928 / 9 / 28 / 27 / 1
❹ 108 / 7)759 / 7 / 59 / 56 / 3
❺ 120 / 3)361 / 3 / 6 / 6 / 1
❻ 130 / 7)915 / 7 / 21 / 21 / 5
❼ 130 / 6)783 / 6 / 18 / 18 / 3
❽ 280 / 2)560 / 4 / 16 / 16 / 0

18ページ きほんのワーク

☆ 1, 6 ➡ 2, 1, 4, 2　答え 82 あまり 2

1 ❶ 2, 3, 1, 9, 1, 8, 1
❷ 3, 8, 2, 7, 7, 8, 7, 2, 6
❸ 62 / 8)496 / 48 / 16 / 16 / 0
❹ 80 / 7)564 / 56 / 4

2
❶ 39 / 7)279 / 21 / 69 / 63 / 6
❷ 87 / 3)263 / 24 / 23 / 21 / 2
❸ 73 / 5)367 / 35 / 17 / 15 / 2
❹ 23 / 8)190 / 16 / 30 / 24 / 6
❺ 68 / 3)204 / 18 / 24 / 24 / 0
❻ 21 / 6)127 / 12 / 7 / 6 / 1
❼ 82 / 4)328 / 32 / 8 / 8 / 0
❽ 50 / 9)456 / 45 / 6

19ページ きほんのワーク

☆ 4, 5 ➡ 7, 4, 2, 3, 8 ➡ 6, 3, 6, 2
答え 276 あまり 2

1
❶ 469 / 7)3286 / 28 / 48 / 42 / 66 / 63 / 3
❷ 604 / 9)5442 / 54 / 42 / 36 / 6
❸ 1870 / 4)7481 / 4 / 34 / 32 / 28 / 28 / 1

2
❶ 634 / 4)2537 / 24 / 13 / 12 / 17 / 16 / 1
❷ 596 / 6)3576 / 30 / 57 / 54 / 36 / 36 / 0
❸ 962 / 8)7701 / 72 / 50 / 48 / 21 / 16 / 5
❹ 1571 / 6)9430 / 6 / 34 / 30 / 43 / 42 / 10 / 6 / 4
❺ 709 / 4)2839 / 28 / 39 / 36 / 3
❻ 705 / 5)3528 / 35 / 28 / 25 / 3
❼ 980 / 7)6865 / 63 / 56 / 56 / 5

20ページ まとめのテスト❶

1
❶ 111 / 7)783 / 7 / 8 / 7 / 13 / 7 / 6
❷ 250 / 3)750 / 6 / 15 / 15 / 0
❸ 419 / 2)839 / 8 / 3 / 2 / 19 / 18 / 1
❹ 208 / 3)625 / 6 / 25 / 24 / 1
❺ 129 / 7)907 / 7 / 20 / 14 / 67 / 63 / 4
❻ 158 / 4)632 / 4 / 23 / 20 / 32 / 32 / 0
❼ 105 / 8)846 / 8 / 46 / 40 / 6
❽ 160 / 6)964 / 6 / 36 / 36 / 4

2
❶ 43 / 4)175 / 16 / 15 / 12 / 3
❷ 63 / 9)574 / 54 / 34 / 27 / 7
❸ 69 / 2)138 / 12 / 18 / 18 / 0
❹ 46 / 6)278 / 24 / 38 / 36 / 2
❺ 83 / 3)249 / 24 / 9 / 9 / 0
❻ 87 / 7)613 / 56 / 53 / 49 / 4
❼ 36 / 8)294 / 24 / 54 / 48 / 6
❽ 68 / 6)409 / 36 / 49 / 48 / 1

3
❶ 184 / 7)1294 / 7 / 59 / 56 / 34 / 28 / 6
❷ 703 / 4)2815 / 28 / 15 / 12 / 3
❸ 3489 / 2)6978 / 6 / 9 / 8 / 17 / 16 / 18 / 18 / 0
❹ 1253 / 4)5014 / 4 / 10 / 8 / 21 / 20 / 14 / 12 / 2

21ページ まとめのテスト❷

1
❶ 136 / 6)816 / 6 / 21 / 18 / 36 / 36 / 0
❷ 122 / 3)367 / 3 / 6 / 6 / 7 / 6 / 1
❸ 86 / 7)608 / 56 / 48 / 42 / 6
❹ 120 / 6)725 / 6 / 12 / 12 / 5
❺ 205 / 4)823 / 8 / 23 / 20 / 3
❻ 179 / 5)898 / 5 / 39 / 35 / 48 / 45 / 3
❼ 73 / 9)657 / 63 / 27 / 27 / 0
❽ 216 / 3)650 / 6 / 5 / 3 / 20 / 18 / 2

❾
```
    81
6)490
  48
   10
    6
    4
```
❿
```
  177
2)355
  2
  15
  14
   15
   14
    1
```
⓫
```
  204
3)612
  6
   12
   12
    0
```
⓬
```
  123
8)984
  8
  18
  16
   24
   24
    0
```
⓭
```
   374
7)2618
  21
   51
   49
    28
    28
     0
```
⓮
```
  1096
4)4385
  4
   38
   36
    25
    24
     1
```
⓯
```
  1460
6)8760
  6
  27
  24
   36
   36
    0
```
⓰
```
   670
3)2012
  18
   21
   21
     2
```

2 1，2，3

てびき **2** わる数が4だから，わられる数の百の位の数が4より小さければ，商は百の位にたたずに，十の位からたちます。

4 角の大きさ

22ページ きほんのワーク

☆ 答え 70

❶ ❶ 35°　❷ 90°　❸ 125°

❷ ❶ あ 60°　い 30°　う 90°
　❷ え 45°　お 45°　か 90°

❸ ❶ 180　❷ 4，360

23ページ きほんのワーク

☆ 80，100　答え 260

❶ ❶ 220°　❷ 335°

❷ あ 36°　い 144°

❸ ❶ 135°　❷ 300°　❸ 85°

24ページ きほんのワーク

☆ 0，ア　答え

❶

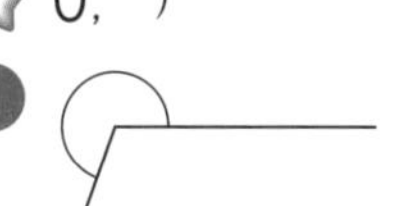

❷ ❶　❷

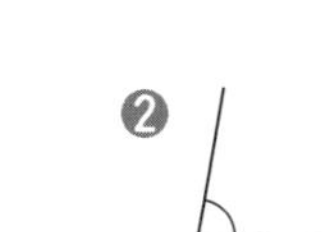

❸

❹

25ページ まとめのテスト

1 ❶ 45°　❷ 115°　❸ 350°

2 ❶ 75°　❷ 15°　❸ 135°

3 ❶　❷

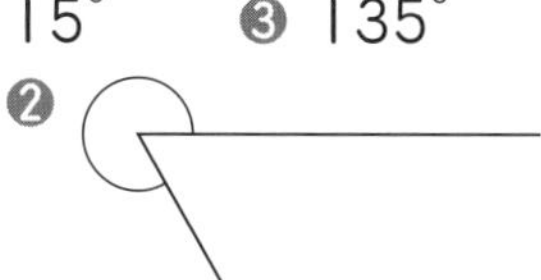

4 ❶

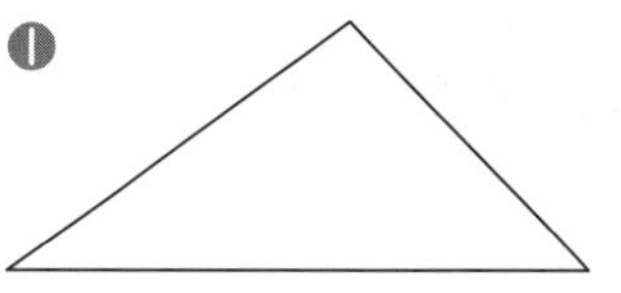

❷

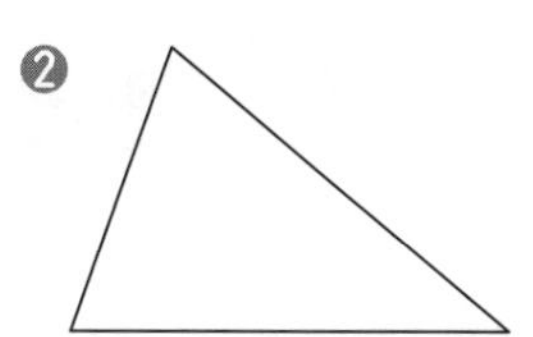

5 小数

26ページ きほんのワーク

☆ 0.01，0.006，3.746，3　答え 3.746，2.03

❶ ❶ 2.519km　❷ 8.006kg　❸ 1.465km
　❹ 7200g

❷ ❶ 92　❷ 304　❸ 2，9，4
　❹ 3.608　❺ 5.72　❻ 0.63

27ページ きほんのワーク

☆ 1，1　答え 41.2，0.412

❶ ❶ 15.37　❷ 2.3　❸ 2.86
　❹ 0.401

❷ ❶ 13.8　❷ 0.6　❸ 20.5
　❹ 587　❺ 1.041　❻ 0.03
　❼ 0.024　❽ 0.82

❸ ❶ <　❷ <　❸ >　❹ <
　❺ >　❻ <

28ページ きほんのワーク

☆ 1，6，1　答え 6.18

❶
```
❶  1.28    ❷  0.83    ❸  3.725
  +4.06      +0.18      +0.647
   5.34       1.01       4.372
```

❷
```
❶  1.45    ❷  4.36    ❸  7.03    ❹  4.39
  +3.42      +2.92      +5.81      +4.75
   4.87       7.28      12.84       9.14

❺  0.42    ❻ 22.63    ❼  6.07    ❽  5.76
  +0.89      + 3.56     +7.94     +16.28
   1.31      26.19      14.01      22.04
```

❸
```
❶  3.835   ❷  1.947   ❸  0.085   ❹  2.452
  +0.159     +4.221     +0.367     +6.549
   3.994      6.168      0.452      9.001
```

29ページ きほんのワーク

☆ 5.4，2.4　答え 5.4，2.45

❶ ❶ 2.3　❷ 22.67　❸ 11.12

❷
```
❶  2.82    ❷  0.06    ❸  0.87    ❹  5.71
  +5.58      +1.04      +0.23      +8.29
   8.40       1.10       1.10      14.00

❺ 17.35    ❻  0.69    ❼  5.908   ❽  7.243
  + 4.25     +28.31     +0.342     +9.757
   21.60      29.00      6.250     17.000
```

❸
```
❶  2.96    ❷ 24.97    ❸  0.62
  +1.2       + 5.7      +43.5
   4.16      30.67      44.12
```

30ページ きほんのワーク

☆ 1, 7　　答え 1.73

❶ ❶ 6.34 − 2.58 = 3.76　❷ 8.23 − 5.43 = 2.80　❸ 5.392 − 4.614 = 0.778

❷ ❶ 3.79 − 2.15 = 1.64　❷ 6.42 − 1.96 = 4.46　❸ 4.81 − 2.89 = 1.92　❹ 9.23 − 0.55 = 8.68

❺ 5.06 − 4.38 = 0.68　❻ 6.27 − 2.57 = 3.70　❼ 28.37 − 9.34 = 19.03　❽ 31.25 − 0.38 = 30.87

❸ ❶ 4.994 − 2.347 = 2.647　❷ 5.265 − 0.692 = 4.573　❸ 8.316 − 3.056 = 5.260　❹ 7.067 − 6.853 = 0.214

31ページ きほんのワーク

☆ 1.6, 3.2　　答え 1.61, 3.26

❶ ❶ 5.99　❷ 2.42　❸ 4.54　❹ 0.579

❷ ❶ 8.12 − 6.3 = 1.82　❷ 5.01 − 4.7 = 0.31　❸ 14.58 − 8.6 = 5.98　❹ 6.2 − 3.47 = 2.73

❺ 9.5 − 0.88 = 8.62　❻ 10.6 − 1.95 = 8.65　❼ 8 − 0.36 = 7.64　❽ 20 − 19.81 = 0.19

❸ ❶ 5.412 − 1.58 = 3.832　❷ 8.2 − 5.935 = 2.265　❸ 2 − 0.074 = 1.926

てびき ❷ ❹〜❽ ひかれる数の小数点以下に0をつけたして，けた数を同じにすると，考えやすくなります。

32ページ まとめのテスト❶

1 ❶ 7.804km　❷ 3.011kg　❸ 0.06kg

2 ❶ >　❷ <　❸ <

3 ❶ 1.24 + 2.37 = 3.61　❷ 8.25 + 1.76 = 10.01　❸ 2.05 + 3.05 = 5.10　❹ 7.42 + 3.88 = 11.30

❺ 6.724 + 7.489 = 14.213　❻ 0.041 + 0.069 = 0.110　❼ 8.46 + 13.8 = 22.26　❽ 26 + 9.25 = 35.25

4 ❶ 6.42 − 4.38 = 2.04　❷ 0.83 − 0.34 = 0.49　❸ 16.05 − 0.97 = 15.08　❹ 9.001 − 8.247 = 0.754

❺ 3.39 − 1.6 = 1.79　❻ 9.1 − 6.12 = 2.98　❼ 16.7 − 0.83 = 15.87　❽ 1 − 0.888 = 0.112

5 ❶ 13.22　❷ 3.01

33ページ まとめのテスト❷

1 ❶ 5, 2, 3　❷ 70.094　❸ 856　❹ 0.2

2 ❶ 6.3, 63, 0.063, 0.0063
❷ 819, 8190, 8.19, 0.819

3 ❶ 4.03 + 0.98 = 5.01　❷ 9.48 + 27.67 = 37.15　❸ 4.38 + 12.12 = 16.50　❹ 1.539 + 6.461 = 8.000

❺ 2.75 + 0.058 = 2.808　❻ 1.876 + 9.17 = 11.046　❼ 9.14 − 8.57 = 0.57　❽ 13.37 − 6.28 = 7.09

❾ 3.125 − 1.845 = 1.280　❿ 35.4 − 9.85 = 25.55　⓫ 1 − 0.594 = 0.406　⓬ 0.8 − 0.346 = 0.454

6 わり算(3)

34ページ きほんのワーク

☆ 24, 3, 3　　答え 3

❶ ❶ 20, 4, 4　❷ 13, 3, 3, 10

❷ ❶ 3　❷ 2　❸ 6　❹ 8
❺ 3　❻ 6　❼ 5　❽ 6

❸ ❶ 4あまり10　❷ 2あまり10　❸ 6あまり10
❹ 5あまり30　❺ 9あまり20　❻ 6あまり20
❼ 4あまり60　❽ 4あまり50　❾ 4あまり20
❿ 7あまり40　⓫ 6あまり40　⓬ 8あまり80

35ページ きほんのワーク

☆ 2→6, 4→0　　答え 2

❶ ❶ 4, 4, 8, 0　❷ 3, 7, 5, 0
❸ 6, 7, 8, 0

❷ ❶ 23)69 → 3（69, 0）　❷ 14)84 → 6（84, 0）　❸ 27)54 → 2（54, 0）　❹ 29)87 → 3（87, 0）

❸ ❶ 12)84 → 7（84, 0）　❷ 33)99 → 3（99, 0）　❸ 18)72 → 4（72, 0）　❹ 46)92 → 2（92, 0）

❺ 17)68 → 4（68, 0）　❻ 26)78 → 3（78, 0）　❼ 14)42 → 3（42, 0）　❽ 18)90 → 5（90, 0）

36ページ きほんのワーク

☆ 4→9, 2→2　　答え 4あまり2

❶ ❶ 4, 8, 4, 1　❷ 4, 7, 2, 2

❷ ❶ 43)89 → 2（86, 3）　❷ 25)87 → 3（75, 12）　❸ 12)99 → 8（96, 3）　❹ 21)90 → 4（84, 6）

❸ ❶ 24)98 → 4（96, 2）　❷ 31)97 → 3（93, 4）　❸ 27)84 → 3（81, 3）　❹ 26)90 → 3（78, 12）

⑤
2
35)95
70
25

⑥
3
16)63
48
15

⑦
6
13)87
78
9

⑧
1
33)60
33
27

37ページ まとめのテスト

1 ① 4　② 5　③ 6　④ 7
⑤ 6　⑥ 2　⑦ 3あまり10
⑧ 8あまり30　⑨ 9あまり40
⑩ 6あまり10　⑪ 7あまり70
⑫ 5あまり50

2
①
4
21)84
84
0

②
5
17)91
85
6

③
3
22)74
66
8

④
2
36)98
72
26

⑤
5
14)76
70
6

⑥
3
29)89
87
2

⑦
7
14)98
98
0

⑧
5
15)81
75
6

⑨
5
13)72
65
7

⑩
1
38)73
38
35

⑪
6
16)96
96
0

⑫
4
18)82
72
10

⑬
2
21)59
42
17

⑭
7
12)88
84
4

⑮
2
32)95
64
31

⑯
2
24)71
48
23

7 わり算(4)

38ページ きほんのワーク

☆ 5➡1, 3　答え 5あまり13

1 ① 4, 2, 1, 2, 0　② 7, 3, 2, 2, 0
③ 5, 1, 8, 0, 1, 5　④ 8, 4, 7, 2, 8

2
①
8
23)184
184
0

②
8
48)392
384
8

③
2
93)204
186
18

④
7
63)500
441
59

3
①
9
59)531
531
0

②
6
35)210
210
0

③
7
45)355
315
40

④
6
39)269
234
35

⑤
9
83)753
747
6

⑥
3
64)241
192
49

⑦
4
72)306
288
18

⑧
8
24)200
192
8

39ページ きほんのワーク

☆ 3, 6, 9, 5, 2➡2, 4, 6, 6
答え 32あまり6

1 ① 2, 3, 7, 6, 1,
1, 4, 1, 1, 4, 0
② 3, 9, 7, 5, 2, 3
6, 2, 2, 5, 1, 1

③
21
17)359
34
19
17
2

④
17
46)807
46
347
322
25

2
①
12
46)552
46
92
92
0

②
37
19)703
57
133
133
0

③
16
53)869
53
339
318
21

④
27
36)978
72
258
252
6

⑤
28
34)972
68
292
272
20

⑥
14
29)434
29
144
116
28

⑦
57
14)802
70
102
98
4

⑧
22
28)640
56
80
56
24

40ページ きほんのワーク

☆ 2, 0, 6, 4, 1, 2
1, 2　答え 20あまり12

1 ① 3, 0, 7, 8, 1, 5　② 1, 0, 7, 4, 6, 3
③ 4, 0, 6, 8, 0　④ 2, 0, 7, 6, 2

2
①
50
19)966
95
16

②
30
23)701
69
11

③
10
56)565
56
5

④
30
14)430
42
10

3
①
30
28)864
84
24

②
20
47)947
94
7

③
40
23)938
92
18

④
10
68)717
68
37

⑤
20
39)809
78
29

⑥
30
24)720
72
0

⑦
60
16)970
96
10

⑧
20
29)600
58
20

41ページ まとめのテスト

1
①
8
76)613
608
5

②
6
32)205
192
13

③
3
94)340
282
58

④
7
85)624
595
29

⑤
5
29)145
145
0

⑥
7
83)581
581
0

⑦
4
26)111
104
7

⑧
7
54)400
378
22

2
①
25
35)875
70
175
175
0

②
74
12)898
84
58
48
10

③
13
42)548
42
128
126
2

④
14
62)894
62
274
248
26

⑤
20
34)700
68
20

⑥
34
27)930
81
120
108
12

⑦
40
24)976
96
16

⑧
19
41)790
41
380
369
11

⑨
16
57)912
57
342
342
0

⑩
19
46)902
46
442
414
28

⑪
29
18)522
36
162
162
0

⑫
10
78)840
78
60

8 わり算(5)

42ページ きほんのワーク

☆ 1, 1, 2, 9 ➡ 5, 1, 4, 0
➡ 6, 1, 3, 8, 2　　答え 156 あまり 2

1
❶ 18)4302 = 239 ／ 36, 70, 54, 162, 162, 0
❷ 64)8651 = 135 ／ 64, 225, 192, 331, 320, 11
❸ 26)6734 = 259 ／ 52, 153, 130, 234, 234, 0
❹ 61)7569 = 124 ／ 61, 146, 122, 249, 244, 5

2
❶ 48)6144 = 128 ／ 48, 134, 96, 384, 384, 0
❷ 19)8037 = 423 ／ 76, 43, 38, 57, 57, 0
❸ 37)7881 = 213 ／ 74, 48, 37, 111, 111, 0
❹ 16)6192 = 387 ／ 48, 139, 128, 112, 112, 0
❺ 35)6108 = 174 ／ 35, 260, 245, 158, 140, 18
❻ 73)8550 = 117 ／ 73, 125, 73, 520, 511, 9
❼ 29)9329 = 321 ／ 87, 62, 58, 49, 29, 20
❽ 58)8413 = 145 ／ 58, 261, 232, 293, 290, 3

43ページ きほんのワーク

☆ ❶ 8, 3, 7, 6, 3, 7, 6, 0
❷ 0 ➡ 4, 1, 2, 8, 2, 6
答え 68, 104 あまり 26

1
❶ 8, 9, 1, 5, 9,
1, 5, 3, 6
❷ 8, 0, 4, 1, 6,
3, 6
❸ 42)8736 = 208 ／ 84, 336, 336, 0

2
❶ 24)1776 = 74 ／ 168, 96, 96, 0
❷ 45)3105 = 69 ／ 270, 405, 405, 0
❸ 76)2634 = 34 ／ 228, 354, 304, 50
❹ 63)5000 = 79 ／ 441, 590, 567, 23
❺ 19)5814 = 306 ／ 57, 114, 114, 0
❻ 57)6175 = 108 ／ 57, 475, 456, 19
❼ 34)2409 = 70 ／ 238, 29
❽ 48)6240 = 130 ／ 48, 144, 144, 0

44ページ きほんのワーク

☆ ❶ 3, 1, 2, 0　❷ 8, 2, 4, 1
答え 3, 8 あまり 100

1
❶ 300)1800 = 6 ／ 18, 0
❷ 500)2000 = 4 ／ 20, 0
❸ 800)7200 = 9 ／ 72, 0
❹ 600)8000 = 13 ／ 6, 20, 18, 200
❺ 200)3700 = 18 ／ 2, 17, 16, 100
❻ 400)51000 = 127 ／ 4, 11, 8, 30, 28, 200

2
❶ 306)7344 = 24 ／ 612, 1224, 1224, 0
❷ 124)1116 = 9 ／ 1116, 0

3
❶ 412)9503 = 23 ／ 824, 1263, 1236, 27
❷ 153)6215 = 40 ／ 612, 95
❸ 712)3200 = 4 ／ 2848, 352

45ページ まとめのテスト

1
❶ 700)5600 = 8 ／ 56, 0
❷ 300)5100 = 17 ／ 3, 21, 21, 0
❸ 600)9200 = 15 ／ 6, 32, 30, 200
❹ 500)60000 = 120 ／ 5, 10, 10, 0
❺ 900)35000 = 38 ／ 27, 80, 72, 800

2
❶ 74)5974 = 80 ／ 592, 54
❷ 76)2671 = 35 ／ 228, 391, 380, 11
❸ 43)2671 = 62 ／ 258, 91, 86, 5
❹ 17)6865 = 403 ／ 68, 65, 51, 14
❺ 37)1702 = 46 ／ 148, 222, 222, 0
❻ 12)4688 = 390 ／ 36, 108, 108, 8

❼
```
     124
28)3472
   28
    67
    56
    112
    112
      0
```
❽
```
     296
29)8600
   58
   280
   261
    190
    174
     16
```
❾
```
     171
35)5987
   35
   248
   245
    37
    35
     2
```

3 ❶
```
        6
321)2086
    1926
     160
```
❷
```
       36
148)5414
    444
     974
     888
      86
```
❸
```
       49
203)9947
    812
    1827
    1827
       0
```

9 計算のきまり

46ページ きほんのワーク

☆ 20, 20, 10　　答え 10

1 ❶ 120　❷ 878　❸ 20　❹ 550
❺ 670　❻ 700

2 ❶ 54, 216　❷ 12, 5
❸ 8, 6

3 ❶ 2250　❷ 52　❸ 392　❹ 12
❺ 5100　❻ 23　❼ 625　❽ 8
❾ 8

47ページ きほんのワーク

☆ 108, 9, 117　　答え 117

1 ❶ 90, 130　❷ 84, 12, 72
❸ 7, 3, 21

2 ❶ 96　❷ 90　❸ 170　❹ 140
❺ 760　❻ 999　❼ 189　❽ 52
❾ 600

3 ❶ 72　❷ 174　❸ 85　❹ 35
❺ 18　❻ 120

48ページ きほんのワーク

☆ 7, 7, 2, 2, 25　　答え 25

1 ❶ 17, 102, 114　❷ 4, 13, 18

2 ❶ 39　❷ 60　❸ 75

3 ❶ 3　❷ 48　❸ 39　❹ 84
❺ 300　❻ 30　❼ 39　❽ 27
❾ 30

49ページ きほんのワーク

☆ 100, 146, 100, 3400　答え 146, 3400

1 ❶ 80, 103　❷ 60, 2340

2 ❶ 137　❷ 87　❸ 177　❹ 169
❺ 189　❻ 145　❼ 670　❽ 1800
❾ 8600　❿ 570　⓫ 2850　⓬ 7300
⓭ 800

50ページ きほんのワーク

☆ 2, 16, 2, 1600, 32, 1568
15, 15, 20, 4, 24　　答え 1568, 24

1 ❶ 100, 100, 1500, 1545
❷ 25, 25, 25, 20, 3, 23

2 ❶ 776　❷ 2600　❸ 1728　❹ 5988

てびき **2** ❸ 18×96=18×(100−4)
=18×100−18×4
=1800−72=1728
❹ 6×998=6×(1000−2)
=6×1000−6×2
=6000−12=5988

51ページ まとめのテスト

1 ❶ 18　❷ 335　❸ 80　❹ 1500
❺ 30　❻ 702　❼ 72　❽ 141
❾ 95　❿ 3　⓫ 1　⓬ 225

2 ❶ 159　❷ 38　❸ 31　❹ 140
❺ 27　❻ 92

3 ❶ 126　❷ 335　❸ 350　❹ 12000
❺ 1200　❻ 4949　❼ 2940　❽ 82751

10 面 積

52ページ きほんのワーク

☆ たて, 横, 5, 7, 35　　答え 35

1 150, 150, 9000, 9000

2 ❶ 30 cm^2　❷ 144 cm^2　❸ 2500 cm^2
❹ 4800 cm^2

3 ❶ 700 cm^2　❷ 625 cm^2　❸ 5000 cm^2

53ページ きほんのワーク

☆ 1辺, 1辺, 20, 20, 400　　答え 400

1 ❶ 90, 5400, 100, 54
❷ 300, 90000, 10000, 9

2 ❶ 72 m^2　❷ 16 km^2　❸ 28a
❹ 25ha　❺ 1 km^2

54ページ きほんのワーク

☆ 7, 5, 70, 40, 110
5, 8, 150, 40, 110　　答え 110

1 《1》〔式〕6, 5, 63　　〔答え〕63 cm^2
《2》〔式〕11, 6, 6, 63　　〔答え〕63 cm^2

2 ❶ 140 cm^2　❷ 600 cm^2　❸ 160 cm^2

55ページ まとめのテスト

1 ❶ 308 cm^2　❷ 375 m^2　❸ 256 cm^2
2 ❶ 10000 cm^2, 1 m^2
❷ 112 km^2, 112000000 m^2
❸ 1600 m^2, 16 a
3 500 m
4 ❶ 64 cm^2　❷ 216 m^2　❸ 120 cm^2

てびき 3 20 ha = 200000 m^2

11 がい数

56ページ きほんのワーク

☆ 十, 4300　答え 4300
1 ❶ 470　❷ 8500　❸ 5400
❹ 73000　❺ 26000　❻ 510000
❼ 400000　❽ 100000
2 ❶ 2000　❷ 40000　❸ 600000
❹ 2000000

57ページ きほんのワーク

☆ 3, 7500　答え 7500
1 ❶ 380　❷ 2500　❸ 15000
❹ 98000　❺ 190000　❻ 520000
❼ 4300000　❽ 6100000
2 ❶ 3700, 4000
❷ 74000, 70000
❸ 42000, 40000
❹ 150000, 100000

58ページ きほんのワーク

☆ 625, 634　答え 625, 634
1 いちばん小さい数…5500
いちばん大きい数…6499
2 ㋑, ㋒
3 185 m 以上 195 m 未満
4 2050 以上 2149 以下

59ページ きほんのワーク

☆ 6400, 6400　答え 10200
1 2500, 5800
2 ❶ 960　❷ 14800　❸ 12000
❹ 90000　❺ 250　❻ 5000
❼ 51000　❽ 900000
3 ❶ 37000　❷ 124000　❸ 14000
❹ 606000

60ページ きほんのワーク

☆ 500, 500　答え 300000
1 〔式〕8000, 500, 4000000
〔答え〕4000000
2 ❶ 21000　❷ 180000　❸ 100000
❹ 160000　❺ 560000　❻ 2400000
❼ 54000000　❽ 8000000
❾ 100000000　❿ 2800000000

61ページ きほんのワーク

☆ 20, 20　答え 4000
1 〔式〕50000, 200, 250　〔答え〕250
2 ❶ 50　❷ 200　❸ 100　❹ 1000
❺ 1800　❻ 500　❼ 20
❽ 400　❾ 6000　❿ 1500

62ページ まとめのテスト❶

1 ❶ 850　❷ 100　❸ 5000
❹ 30000　❺ 80000　❻ 1000000
2 いちばん小さい数…450
いちばん大きい数…549
3 ❶ 11600　❷ 32000　❸ 138000
❹ 1220000　❺ 1600
❻ 8000　❼ 52000　❽ 140000
4 ❶ 250000　❷ 8000000
❸ 200　❹ 40

63ページ まとめのテスト❷

1 ❶ 570　❷ 7500　❸ 20000
❹ 84000　❺ 550000　❻ 460000
2 ❶ 1330　❷ 2700　❸ 300
❹ 5000
3 80500 以上 81499 以下
4 ❶ 30000　❷ 3000000
❸ 63000000　❹ 3200000000
❺ 200　❻ 3000　❼ 50　❽ 800

12 整数の計算のまとめ

64ページ まとめのテスト❶

1 ❶ 百十一億百十一万百十
❷ 6580500500762000
2 ❶ 36400　❷ 174944　❸ 81864
❹ 285324　❺ 20　❻ 13
❼ 8　❽ 29　❾ 28
❿ 4　⓫ 7　⓬ 12

3 ❶ 300000 ❷ 9500000
4 ❶ 800 ❷ 440 ❸ 71 ❹ 84
❺ 8 ❻ 46

65ページ まとめのテスト❷

1 ❶ 509802800000
❷ 20800000000000
2 ❶ 42500 ❷ 4250000(425万)
3 ❶ 6あまり10 ❷ 4あまり4
❸ 7あまり5 ❹ 40あまり17
❺ 238あまり32 ❻ 98あまり8
4 ❶ 910000 ❷ 2700000
5 ❶ 15000000 ❷ 50
6 ❶ 200 ❷ 3468
7 ❶ 33 ❷ 104 ❸ 14 ❹ 320

> **てびき** **4** 千の位の数字を四捨五入します。
> ❶ 660000+250000=910000
> ❷ 2810000−110000=2700000
> **5** ❶ 50000×300=15000000
> ❷ 400000÷8000=50
> **6** ❶ 28+44+72+56=(28+72)+(44+56)=100+100=200
> ❷ 102×34=(100+2)×34=100×34+2×34=3400+68=3468
> **7** ❶ □=52−19 □=33
> ❷ □=22+82 □=104
> ❸ □=98÷7 □=14
> ❹ □=40×8 □=320

13 小数のかけ算

66ページ きほんのワーク

☆ 6, 6, 4, 24, 2.4, 10 答え 2.4
1 ❶ 0.4 ❷ 4.8 ❸ 4.5 ❹ 1.4
❺ 1.2 ❻ 2.4 ❼ 3.5 ❽ 3.6
❾ 3 ❿ 2
2 0.01, 3, 3, 15, 15, 0.15
3 ❶ 0.09 ❷ 0.28 ❸ 0.54 ❹ 0.56
❺ 0.18 ❻ 0.1 ❼ 0.4 ❽ 0.6

> **てびき** **3** ❻ 0.05×2=0.10ですが，このような答えの小数点より右の終わりの0は書かずに省いて，0.1と答えます。

67ページ きほんのワーク

☆ 4, 1 ➡. 答え 14.1
1 ❶ 4, . ❷ 9, . ❸ 1, 3, .
2
❶ 1.6 × 3 → 4.8
❷ 3.8 × 8 → 30.4
❸ 27.4 × 9 → 246.6
❹ 40.6 × 8 → 324.8
3
❶ 3.7 × 6 → 22.2
❷ 5.2 × 7 → 36.4
❸ 7.5 × 4 → 30.~~0~~
❹ 9.6 × 3 → 28.8
❺ 12.2 × 5 → 61.~~0~~
❻ 31.9 × 7 → 223.3
❼ 50.3 × 6 → 301.8
❽ 85.6 × 9 → 770.4

68ページ きほんのワーク

☆ 1, 4, 8, 1, 5, 5 ➡. 答え 155.4
1 ❶ 1, 9, 5, 2, 3, 4
❷ 1, 4, 1, 7, 0, 8, 8, 4, .
❸ 8.1 × 24 → 324 / 162 / 194.4
❹ 42.1 × 18 → 3368 / 421 / 757.8
2
❶ 0.8 × 64 → 32 / 48 / 51.2
❷ 0.5 × 72 → 10 / 35 / 36.~~0~~
❸ 5.4 × 25 → 270 / 108 / 135.~~0~~
❹ 7.4 × 58 → 592 / 370 / 429.2
❺ 1.5 × 13 → 45 / 15 / 19.5
❻ 4.3 × 36 → 258 / 129 / 154.8
❼ 19.2 × 36 → 1152 / 576 / 691.2
❽ 42.6 × 53 → 1278 / 2130 / 2257.8
❾ 85.4 × 78 → 6832 / 5978 / 6661.2
❿ 90.8 × 25 → 4540 / 1816 / 2270.~~0~~
⓫ 12.3 × 70 → 861.~~0~~
⓬ 60.5 × 40 → 2420.~~0~~

69ページ きほんのワーク

☆ 6, 2, 8, 8, 1, 6 ➡. 答え 81.64
1 ❶ 1, ., 8
❷ 7, 4, 8, 8, 8, 9, .
❸ 0.23 × 8 → 1.84
❹ 7.02 × 29 → 6318 / 1404 / 203.58
2
❶ 2.27 × 4 → 9.08
❷ 8.14 × 9 → 73.26
❸ 5.06 × 7 → 35.42
❹ 8.95 × 6 → 53.7~~0~~
❺ 0.76 × 3 → 2.28
❻ 0.24 × 5 → 1.2~~0~~
❼ 2.72 × 36 → 1632 / 816 / 97.92
❽ 8.36 × 49 → 7524 / 3344 / 409.64
❾ 2.15 × 82 → 430 / 1720 / 176.3~~0~~
❿ 3.07 × 66 → 1842 / 1842 / 202.62
⓫ 0.57 × 93 → 171 / 513 / 53.01
⓬ 0.81 × 24 → 324 / 162 / 19.44

> **てびき** (小数)×(整数)の筆算では，位をそろえるのではなく右にそろえて書くことに気をつけましょう。

70ページ　きほんのワーク

☆ 9, 3, 8, 2, 8, 1, 4, 2, 9, 2, 6, 5➡.
答え 2926.56

❶ ❶ 1, 1, 0, 6, 2, 2, 1, 2, 2, 3, 6, .
❷ 2, 4, 8, 0, 9, 9, 2, 9, 9, 2, 1, 1, 1, .
❸ 0.234
× 583
702
1872
1170
136.422

❷ ❶ 6.81
×638
5448
2043
4086
4344.78

❷ 7.45
×927
5215
1490
6705
6906.15

❸ 3.34
×805
1670
2672
2688.70

❹ 0.553
× 596
3318
4977
2765
329.588

❺ 0.828
× 735
4140
2484
5796
608.580

❻ 0.975
× 492
1950
8775
3900
479.700

71ページ　きほんのワーク

☆ 10, 70, 38, 38, 190　答え 70, 190

❶ ❶ 10, 15.6　❷ 3, 4, 3, 12

❷ ❶ 16.2　❷ 1400　❸ 153　❹ 240
❺ 120

てびき ❷ ❶ 6.2+9.6+0.4
=6.2+(9.6+0.4)=6.2+10=16.2
❷ 14×12.5×8=14×(12.5×8)
=14×100=1400
❸ 10.2×15=(10+0.2)×15
=10×15+0.2×15
=150+3=153
❹ 9.6×25=(10−0.4)×25
=10×25−0.4×25
=250−10=240
❺ 4.3×6+15.7×6=(4.3+15.7)×6
=20×6=120

たしかめよう!
2.5×4=10 や 12.5×8=100 などは覚えておいて，利用しよう。

72ページ　まとめのテスト❶

1 ❶ 0.8　❷ 2.7　❸ 0.42　❹ 0.2

2 ❶ 3.8
× 6
22.8

❷ 7.9
× 5
39.5

❸ 5.5
× 8
44.0

❹ 8.7
× 9
78.3

❺ 14.3
× 4
57.2

❻ 80.4
× 9
723.6

❼ 26.1
× 7
182.7

❽ 47.5
× 6
285.0

3 ❶ 5.6
×34
224
168
190.4

❷ 0.4
×85
20
32
34.0

❸ 27.2
× 36
1632
816
979.2

❹ 90.7
× 55
4535
4535
4988.5

4 ❶ 7.25
× 7
50.75

❷ 0.34
× 9
3.06

❸ 6.01
× 24
2404
1202
144.24

❹ 0.59
× 37
413
177
21.83

5 ❶ 22.9　❷ 880

てびき **5** ❶ 10.3+7.9+4.7
=(10.3+4.7)+7.9=15+7.9=22.9
❷ 80×5.5×2=80×(5.5×2)
=80×11=880

73ページ　まとめのテスト❷

1 ❶ 0.3
× 7
2.1

❷ 6.2
× 3
18.6

❸ 2.4
× 6
14.4

❹ 8.5
× 8
68.0

❺ 17.6
× 2
35.2

❻ 32.8
× 4
131.2

❼ 60.7
× 9
546.3

❽ 46.4
× 5
232.0

2 ❶ 5.9
×23
177
118
135.7

❷ 8.8
×12
176
88
105.6

❸ 5.6
×15
280
56
84.0

❹ 7.8
×93
234
702
725.4

❺ 21.6
× 45
1080
864
972.0

❻ 37.1
× 66
2226
2226
2448.6

❼ 60.3
× 28
4824
1206
1688.4

❽ 95.7
× 30
2871.0

3 ❶ 5.13
× 8
41.04

❷ 7.01
× 62
1402
4206
434.62

❸ 8.46
×235
4230
2538
1692
1988.10

❹ 0.725
× 516
4350
725
3625
374.100

4 ❶ 142.4　❷ 14.24　❸ 1.424

たしかめよう!
4 かけられる数が $\frac{1}{10}$, $\frac{1}{100}$, $\frac{1}{1000}$ になると，積も $\frac{1}{10}$, $\frac{1}{100}$, $\frac{1}{1000}$ になります。

14 小数のわり算

74ページ　きほんのワーク

☆ 18, 18, 3, 6, 0.6　答え 0.6

❶ 0.01, 28, 28, 7, 7, 0.07

❷ ❶ 0.4　❷ 0.2　❸ 0.2　❹ 0.1　❺ 0.4
❻ 0.6　❼ 0.7　❽ 0.9　❾ 0.7　❿ 0.3
⓫ 0.5　⓬ 0.8　⓭ 0.8　⓮ 0.5

❸ ❶ 0.06　❷ 0.09　❸ 0.04　❹ 0.07

75ページ きほんのワーク

☆ 1➡.➡6，4，2，4，0　答え 1.6

❶ ❶ .，2，7，5，4，5，4，0
❷ .，2，1，6，0
❸ 7.4 / 4)29.6 / 28 / 16 / 16 / 0

❷ ❶ 2.4 / 3)7.2 / 6 / 12 / 12 / 0
❷ 0.9 / 6)5.4 / 54 / 0
❸ 3.2 / 9)28.8 / 27 / 18 / 18 / 0
❹ 4.7 / 7)32.9 / 28 / 49 / 49 / 0
❺ 1.3 / 8)10.4 / 8 / 24 / 24 / 0
❻ 3.3 / 7)23.1 / 21 / 21 / 21 / 0
❼ 6.2 / 3)18.6 / 18 / 6 / 6 / 0
❽ 8.6 / 6)51.6 / 48 / 36 / 36 / 0
❾ 7.7 / 5)38.5 / 35 / 35 / 35 / 0
❿ 10.8 / 8)86.4 / 8 / 64 / 64 / 0
⓫ 12.4 / 4)49.6 / 4 / 9 / 8 / 16 / 16 / 0
⓬ 13.4 / 7)93.8 / 7 / 23 / 21 / 28 / 28 / 0

76ページ きほんのワーク

☆ 2，.，1，9➡2，1，9，2，0　答え 2.6

❶ ❶ .，1，8，2，1，8，2，0
❷ .，8，3，8，4，0
❸ 2.4 / 34)81.6 / 68 / 136 / 136 / 0
❹ 0.7 / 67)46.9 / 469 / 0

❷ ❶ 2.1 / 13)27.3 / 26 / 13 / 13 / 0
❷ 2.4 / 32)76.8 / 64 / 128 / 128 / 0
❸ 3.3 / 28)92.4 / 84 / 84 / 84 / 0
❹ 1.3 / 74)96.2 / 74 / 222 / 222 / 0
❺ 0.9 / 27)24.3 / 243 / 0
❻ 0.5 / 85)42.5 / 425 / 0
❼ 0.3 / 54)16.2 / 162 / 0
❽ 0.4 / 92)36.8 / 368 / 0

77ページ きほんのワーク

☆ 2，.，8，1，3➡1，2，1，6
➡4，1，6，0　答え 2.34

❶ ❶ 9，8，1，0
❷ .，0，6，8，4，0
❸ 0.147 / 5)0.735 / 5 / 23 / 20 / 35 / 35 / 0
❹ 0.325 / 19)6.175 / 57 / 47 / 38 / 95 / 95 / 0

❷ ❶ 0.21 / 7)1.47 / 14 / 7 / 7 / 0
❷ 0.39 / 13)5.07 / 39 / 117 / 117 / 0
❸ 0.233 / 4)0.932 / 8 / 13 / 12 / 12 / 12 / 0
❹ 0.446 / 17)7.582 / 68 / 78 / 68 / 102 / 102 / 0

❸ ❶ 22.9　❷ 2.29　❸ 0.229

てびき ❸ わられる数が $\frac{1}{10}$，$\frac{1}{100}$，$\frac{1}{1000}$ になると，商も $\frac{1}{10}$，$\frac{1}{100}$，$\frac{1}{1000}$ になります。

78ページ きほんのワーク

☆ 5，3，0，.，7　答え 5，4.7

❶ ❶ 4，3，6，.，5
❷ 2，9，4，1，9，1，8，1，.
❸ 8 / 6)49.6 / 48 / 1.6

❷ ❶ 6 / 3)19.3 / 18 / 1.3
❷ 3 / 8)25.4 / 24 / 1.4
❸ 22 / 4)91.4 / 8 / 11 / 8 / 3.4
❹ 11 / 7)83.1 / 7 / 13 / 7 / 6.1
❺ 5 / 14)73.4 / 70 / 3.4
❻ 3 / 31)98.6 / 93 / 5.6
❼ 1 / 53)89.2 / 53 / 36.2
❽ 1 / 29)38.4 / 29 / 9.4

79ページ きほんのワーク

☆ 7，5，8，5，6，.，2　答え 3.7，0.2

❶ ❶ .，2，1，5，1，4，.，1
❷ .，4，2，6，6，3，5，2，.，1
❸ 3.6 / 5)18.3 / 15 / 33 / 30 / 0.3
❹ 0.8 / 64)55.1 / 512 / 3.9

❷ ❶ 6.3 / 8)50.8 / 48 / 28 / 24 / 0.4
❷ 14.6 / 3)43.9 / 3 / 13 / 12 / 19 / 18 / 0.1
❸ 4.6 / 7)32.5 / 28 / 45 / 42 / 0.3
❹ 12.2 / 6)73.7 / 6 / 13 / 12 / 17 / 12 / 0.5
❺ 1.4 / 32)46.3 / 32 / 143 / 128 / 1.5
❻ 2.7 / 29)80.8 / 58 / 228 / 203 / 2.5
❼ 5.3 / 18)96.2 / 90 / 62 / 54 / 0.8
❽ 0.5 / 43)21.9 / 215 / 0.4

80ページ きほんのワーク

☆ 2，5　答え 2.25

❶ ❶ .，2，5，1，5，1，2，3，0，3，0，0

② .., 2, 5, 1, 6, 4, 0, 4, 0, 0

③ 3.5 ／ 12)42 ／ 36 ／ 60 ／ 60 ／ 0

2
① 6.25 ／ 4)25 ／ 24 ／ 10 ／ 8 ／ 20 ／ 20 ／ 0
② 2.8 ／ 25)70 ／ 50 ／ 200 ／ 200 ／ 0
③ 0.75 ／ 12)9 ／ 84 ／ 60 ／ 60 ／ 0
④ 0.6 ／ 45)27 ／ 270 ／ 0
⑤ 0.95 ／ 6)5.7 ／ 54 ／ 30 ／ 30 ／ 0
⑥ 4.35 ／ 8)34.8 ／ 32 ／ 28 ／ 24 ／ 40 ／ 40 ／ 0
⑦ 1.25 ／ 14)17.5 ／ 14 ／ 35 ／ 28 ／ 70 ／ 70 ／ 0
⑧ 0.74 ／ 35)25.9 ／ 245 ／ 140 ／ 140 ／ 0

81ページ きほんのワーク

☆ $\frac{1}{100}$　2, 1, 0, 4, 0　答え 4.2

1
① 2, 6, 1, 4, 1, 2, 2
② 5, 4, 1, 1, 2, 1, 8, 0, 1, 6, 8, 1, 2
③ 7 ／ 6.9 ／ 7)48.5 ／ 42 ／ 65 ／ 63 ／ 2

2
① 6 ／ 9.57 ／ 7)67 ／ 63 ／ 40 ／ 35 ／ 50 ／ 49 ／ 1
② 2.83 ／ 30)85 ／ 60 ／ 250 ／ 240 ／ 100 ／ 90 ／ 10
③ 0.32 ／ 64)21 ／ 192 ／ 180 ／ 128 ／ 52
④ 7 ／ 2.69 ／ 42)113 ／ 84 ／ 290 ／ 252 ／ 380 ／ 378 ／ 2
⑤ 8 ／ 4.76 ／ 9)42.9 ／ 36 ／ 69 ／ 63 ／ 60 ／ 54 ／ 6
⑥ 7 ／ 8.65 ／ 7)60.6 ／ 56 ／ 46 ／ 42 ／ 40 ／ 35 ／ 5
⑦ 1 ／ 7.08 ／ 8)56.7 ／ 56 ／ 70 ／ 64 ／ 6
⑧ 2.90 ／ 27)78.4 ／ 54 ／ 244 ／ 243 ／ 10

82ページ まとめのテスト①

1 ① 0.2　② 0.9　③ 0.4　④ 0.05

2
① 2.8 ／ 3)8.4 ／ 6 ／ 24 ／ 24 ／ 0
② 4.6 ／ 4)18.4 ／ 16 ／ 24 ／ 24 ／ 0
③ 6.6 ／ 8)52.8 ／ 48 ／ 48 ／ 48 ／ 0
④ 18.4 ／ 4)73.6 ／ 4 ／ 33 ／ 32 ／ 16 ／ 16 ／ 0

3
① 5.4 ／ 17)91.8 ／ 85 ／ 68 ／ 68 ／ 0
② 2.7 ／ 14)37.8 ／ 28 ／ 98 ／ 98 ／ 0
③ 1.5 ／ 39)58.5 ／ 39 ／ 195 ／ 195 ／ 0
④ 3.2 ／ 27)86.4 ／ 81 ／ 54 ／ 54 ／ 0
⑤ 0.2 ／ 86)17.2 ／ 172 ／ 0
⑥ 0.7 ／ 55)38.5 ／ 385 ／ 0
⑦ 0.8 ／ 73)58.4 ／ 584 ／ 0
⑧ 0.4 ／ 94)37.6 ／ 376 ／ 0

4
① 4 ／ 9)41.6 ／ 36 ／ 5.6
② 13 ／ 6)79.8 ／ 6 ／ 19 ／ 18 ／ 1.8
③ 2 ／ 36)74.2 ／ 72 ／ 2.2
④ 3 ／ 27)99.3 ／ 81 ／ 18.3

5
① 1.4 ／ 4)5.9 ／ 4 ／ 19 ／ 16 ／ 3
② 7 ／ 6.7 ／ 13)88 ／ 78 ／ 100 ／ 91 ／ 9
③ 7 ／ 6.5 ／ 12)78.4 ／ 72 ／ 64 ／ 60 ／ 4
④ 0.34 ／ 63)21.9 ／ 189 ／ 300 ／ 252 ／ 48

83ページ まとめのテスト②

1
① 0.2 ／ 7)1.4 ／ 14 ／ 0
② 2.9 ／ 8)23.2 ／ 16 ／ 72 ／ 72 ／ 0
③ 13.9 ／ 6)83.4 ／ 6 ／ 23 ／ 18 ／ 54 ／ 54 ／ 0
④ 12.4 ／ 8)99.2 ／ 8 ／ 19 ／ 16 ／ 32 ／ 32 ／ 0

2
① 3.4 ／ 12)40.8 ／ 36 ／ 48 ／ 48 ／ 0
② 2.1 ／ 46)96.6 ／ 92 ／ 46 ／ 46 ／ 0
③ 2.8 ／ 33)92.4 ／ 66 ／ 264 ／ 264 ／ 0
④ 1.2 ／ 81)97.2 ／ 81 ／ 162 ／ 162 ／ 0
⑤ 0.3 ／ 57)17.1 ／ 171 ／ 0
⑥ 0.18 ／ 38)6.84 ／ 38 ／ 304 ／ 304 ／ 0
⑦ 0.04 ／ 19)0.76 ／ 76 ／ 0
⑧ 0.05 ／ 45)2.25 ／ 225 ／ 0

3
① 0.75 ／ 16)12 ／ 112 ／ 80 ／ 80 ／ 0
② 2.68 ／ 25)67 ／ 50 ／ 170 ／ 150 ／ 200 ／ 200 ／ 0
③ 3.45 ／ 6)20.7 ／ 18 ／ 27 ／ 24 ／ 30 ／ 30 ／ 0

④ 18)87.3 → 4.85
72
153
144
90
90
0

4 ① 4)23.7 → 5.9
20
37
36
0.1

② 7)94.3 → 13.4
7
24
21
33
28
0.5

③ 23)79.9 → 3.4
69
109
92
1.7

④ 34)29.6 → 0.8
272
2.4

15 小数の計算のまとめ

84ページ まとめのテスト①

1 ① 34.5 ② 0.067 ③ 280
④ 2.305

2 ① 0.88 ② 9 ③ 7.44
④ 8.001 ⑤ 5.93 ⑥ 2.058
⑦ 2.313 ⑧ 0.25 ⑨ 50.4
⑩ 579.72 ⑪ 1.3 ⑫ 3.8

3 ① 15 あまり 2.2 たしかめ 3×15+2.2=47.2
② 2 あまり 10.9 たしかめ 23×2+10.9=56.9

85ページ まとめのテスト②

1 ① 3.98 ② 7.48 ③ 5.903

2 ① 10.203 ② 11.023 ③ 19.302
④ 1.23 ⑤ 4.508 ⑥ 6.988

3 ① 261 ② 3.92 ③ 133.5
④ 9.31 ⑤ 14.8 ⑥ 1.88
⑦ 0.76 ⑧ 0.502 ⑨ 0.125

4 ① 7.3 ② 5.4

16 分数

86ページ きほんのワーク

☆ 答え $2\frac{3}{4}$, $\frac{11}{5}$

1 ① $1\frac{2}{5}$ ② $2\frac{1}{7}$ ③ 3 ④ $\frac{10}{6}$
⑤ $\frac{15}{4}$ ⑥ $\frac{21}{8}$

2 真分数… $\frac{1}{3}$, $\frac{5}{7}$ 仮分数… $\frac{6}{6}$, $\frac{13}{8}$, $\frac{6}{5}$
帯分数… $2\frac{4}{5}$, $1\frac{1}{3}$

3 ① $>$ ② $<$ ③ $<$ ④ $>$

87ページ きほんのワーク

☆ 9, 15, 3 答え $\frac{9}{7}\left(1\frac{2}{7}\right)$, 3

1 ① $\frac{3}{7}$ ② $\frac{9}{10}$ ③ 1
④ $\frac{6}{4}\left(1\frac{2}{4}\right)$ ⑤ $\frac{9}{8}\left(1\frac{1}{8}\right)$ ⑥ $\frac{13}{10}\left(1\frac{3}{10}\right)$
⑦ $\frac{7}{3}\left(2\frac{1}{3}\right)$ ⑧ $\frac{11}{5}\left(2\frac{1}{5}\right)$ ⑨ 2
⑩ 2 ⑪ $\frac{17}{7}\left(2\frac{3}{7}\right)$ ⑫ $\frac{23}{10}\left(2\frac{3}{10}\right)$
⑬ $\frac{19}{8}\left(2\frac{3}{8}\right)$ ⑭ $\frac{13}{4}\left(3\frac{1}{4}\right)$ ⑮ 4

88ページ きほんのワーク

☆ 3, 7 答え $\frac{3}{5}$, $\frac{7}{6}\left(1\frac{1}{6}\right)$

1 ① 7 ② 9, 1 ③ $\frac{7}{5}\left(1\frac{2}{5}\right)$

2 ① $\frac{1}{6}$ ② $\frac{3}{10}$ ③ $\frac{3}{8}$
④ $\frac{2}{7}$ ⑤ $\frac{2}{5}$ ⑥ $\frac{5}{7}$
⑦ $\frac{2}{4}$ ⑧ $\frac{1}{3}$ ⑨ $\frac{4}{9}$
⑩ 1 ⑪ 1 ⑫ $\frac{13}{10}\left(1\frac{3}{10}\right)$
⑬ $\frac{7}{6}\left(1\frac{1}{6}\right)$ ⑭ $\frac{13}{9}\left(1\frac{4}{9}\right)$ ⑮ 1

89ページ きほんのワーク

☆ 4, 2 答え $4\frac{2}{7}\left(\frac{30}{7}\right)$

1 ① 3, 2 ② 9, $4\frac{1}{8}\left(\frac{33}{8}\right)$

2 ① $1\frac{4}{5}\left(\frac{9}{5}\right)$ ② $2\frac{5}{6}\left(\frac{17}{6}\right)$ ③ $4\frac{8}{10}\left(\frac{48}{10}\right)$
④ $3\frac{5}{7}\left(\frac{26}{7}\right)$ ⑤ $6\frac{9}{10}\left(\frac{69}{10}\right)$ ⑥ $8\frac{7}{9}\left(\frac{79}{9}\right)$
⑦ $7\frac{3}{4}\left(\frac{31}{4}\right)$ ⑧ $2\frac{5}{8}\left(\frac{21}{8}\right)$ ⑨ $6\frac{1}{4}\left(\frac{25}{4}\right)$
⑩ $3\frac{6}{9}\left(\frac{33}{9}\right)$ ⑪ 4 ⑫ $5\frac{3}{8}\left(\frac{43}{8}\right)$
⑬ $4\frac{2}{5}\left(\frac{22}{5}\right)$ ⑭ $8\frac{1}{7}\left(\frac{57}{7}\right)$ ⑮ 4

90ページ きほんのワーク

☆ 10, 1, 5 答え $1\frac{5}{8}\left(\frac{13}{8}\right)$

1 ① 3, 2
② 16, 14, $4\frac{9}{14}\left(\frac{65}{14}\right)$

2 ① $2\frac{3}{5}\left(\frac{13}{5}\right)$ ② $3\frac{4}{9}\left(\frac{31}{9}\right)$ ③ $4\frac{2}{8}\left(\frac{34}{8}\right)$
④ $2\frac{2}{9}\left(\frac{20}{9}\right)$ ⑤ $1\frac{5}{10}\left(\frac{15}{10}\right)$ ⑥ $3\frac{4}{7}\left(\frac{25}{7}\right)$

❼ $6\frac{5}{9}\left(\frac{59}{9}\right)$　❽ $5\frac{2}{3}\left(\frac{17}{3}\right)$　❾ $1\frac{4}{7}\left(\frac{11}{7}\right)$

❿ $3\frac{2}{5}\left(\frac{17}{5}\right)$　⓫ $3\frac{4}{6}\left(\frac{22}{6}\right)$　⓬ $1\frac{5}{6}\left(\frac{11}{6}\right)$

⓭ $2\frac{3}{10}\left(\frac{23}{10}\right)$　⓮ $4\frac{2}{4}\left(\frac{18}{4}\right)$　⓯ $1\frac{5}{8}\left(\frac{13}{8}\right)$

てびき　**2** ⓫ $5-1\frac{2}{6}=4\frac{6}{6}-1\frac{2}{6}$

$=3\frac{4}{6}\left(\frac{22}{6}\right)$

91ページ　きほんのワーク

☆ 3, 10, 1, 4　答え $1\frac{4}{7}\left(\frac{11}{7}\right)$

1 ❶ 8, 1, 3, $7\frac{3}{5}\left(\frac{38}{5}\right)$

❷ 13, 6, $2\frac{1}{9}\left(\frac{19}{9}\right)$

❸ 8, 1, 1, $2\frac{3}{7}\left(\frac{17}{7}\right)$

2 ❶ $4\frac{2}{7}\left(\frac{30}{7}\right)$　❷ $9\frac{8}{9}\left(\frac{89}{9}\right)$　❸ $2\frac{1}{8}\left(\frac{17}{8}\right)$

❹ $1\frac{5}{6}\left(\frac{11}{6}\right)$　❺ $3\frac{1}{5}\left(\frac{16}{5}\right)$　❻ $5\frac{3}{7}\left(\frac{38}{7}\right)$

❼ $1\frac{7}{9}\left(\frac{16}{9}\right)$　❽ $\frac{4}{7}$

92ページ　まとめのテスト❶

1 真分数…$\frac{8}{9}$, $\frac{3}{4}$, $\frac{8}{11}$　仮分数…$\frac{7}{5}$, $\frac{7}{7}$, $\frac{3}{2}$

帯分数…$1\frac{2}{3}$, $5\frac{6}{7}$, $3\frac{3}{10}$

2 ❶ $<$　❷ $<$　❸ $>$　❹ $>$

3 ❶ $\frac{6}{7}$　❷ $\frac{15}{9}\left(1\frac{6}{9}\right)$　❸ $\frac{11}{6}\left(1\frac{5}{6}\right)$

❹ 2　❺ $\frac{21}{8}\left(2\frac{5}{8}\right)$　❻ $\frac{3}{10}$

❼ $\frac{4}{5}$　❽ $\frac{3}{9}$　❾ $\frac{9}{7}\left(1\frac{2}{7}\right)$

4 ❶ $3\frac{3}{4}\left(\frac{15}{4}\right)$　❷ $3\frac{3}{8}\left(\frac{27}{8}\right)$　❸ $4\frac{5}{6}\left(\frac{29}{6}\right)$

❹ 5　❺ $3\frac{1}{7}\left(\frac{22}{7}\right)$　❻ $6\frac{6}{8}\left(\frac{54}{8}\right)$

❼ $6\frac{2}{4}\left(\frac{26}{4}\right)$　❽ $1\frac{5}{9}\left(\frac{14}{9}\right)$　❾ $2\frac{7}{10}\left(\frac{27}{10}\right)$

てびき　**2** ❶ 分子が同じ分数では，分母が大きいほど小さい分数になります。

93ページ　まとめのテスト❷

1 ❶ $6\frac{1}{2}$　❷ $5\frac{2}{7}$　❸ 7　❹ $\frac{13}{5}$

❺ $\frac{23}{6}$　❻ $\frac{49}{10}$

2 ❶ $\frac{6}{5}\left(1\frac{1}{5}\right)$　❷ $\frac{13}{7}\left(1\frac{6}{7}\right)$　❸ $\frac{11}{4}\left(2\frac{3}{4}\right)$

❹ 3　❺ $\frac{3}{8}$　❻ $\frac{4}{10}$

❼ 2　❽ $\frac{8}{9}$　❾ 1

3 ❶ $2\frac{2}{7}\left(\frac{16}{7}\right)$　❷ $9\frac{2}{5}\left(\frac{47}{5}\right)$　❸ $5\frac{7}{10}\left(\frac{57}{10}\right)$

❹ 4　❺ $7\frac{5}{6}\left(\frac{47}{6}\right)$　❻ $4\frac{9}{10}\left(\frac{49}{10}\right)$

❼ $2\frac{4}{8}\left(\frac{20}{8}\right)$　❽ $1\frac{5}{9}\left(\frac{14}{9}\right)$　❾ $1\frac{3}{8}\left(\frac{11}{8}\right)$

4 ❶ $2\frac{6}{7}\left(\frac{20}{7}\right)$　❷ $1\frac{7}{10}\left(\frac{17}{10}\right)$

4年のまとめ

94ページ　まとめのテスト❶

1 ❶ 13622　❷ 57710

❸ 212014　❹ 30

❺ 17 あまり 3　❻ 24 あまり 1

2 ❶ 2.38　❷ 16.006　❸ 29.93

❹ 0.87　❺ 4.43　❻ 1.807

3 ❶ 12　❷ 34　❸ 24

4 ❶ 3400　❷ 490000

5 ❶ 138°　❷ 255°　❸ 30°

95ページ　まとめのテスト❷

1 ❶ 2050001730000

❷ 5200000000

2 ❶ 183　❷ 121

❸ 88 あまり 3　❹ 28 あまり 2

❺ 52　❻ 8 あまり 7

3 ❶ 4080　❷ 42　❸ 4980

❹ 1962

4 ❶ $\frac{14}{5}$　❷ $3\frac{1}{6}$　❸ $\frac{30}{7}$　❹ 8

5 ❶ 75 cm^2　❷ 361 m^2　❸ 6ha

96ページ　まとめのテスト❸

1 ❶ 3　❷ 4 あまり 7

❸ 9 あまり 37　❹ 30 あまり 18

❺ 211 あまり 4　❻ 54

2 ❶ 10　❷ 2.9　❸ 11.503

❹ 20.52　❺ 0.7　❻ 0.8

3 ❶ $\frac{16}{11}\left(1\frac{5}{11}\right)$　❷ $2\frac{1}{7}\left(\frac{15}{7}\right)$　❸ 6

❹ $\frac{4}{6}$　❺ $1\frac{2}{4}\left(\frac{6}{4}\right)$　❻ $2\frac{2}{5}\left(\frac{12}{5}\right)$

4 ❶ 90 cm^2　❷ 176 m^2

3 2 1 0 9 8 7 6 5 4
＊ ＊ D C B A